上班穿什么

快速搭配职业装+OL美妆

王敏家 著

电子工业出版社
Publishing House of Electronics Industry
北京·BEIJING

前言

在互联网传播信息神速的巨大声势之下，反映、调侃社会时代特点的一些关键词也在快速更新。像是"看脸时代"、"颜值"这样的互联网基因词汇，早早就在百度百科上正式挂名，朋友圈更运用泛滥，可见个人形象对周围人产生的影响力。

对于职场新人或是准备踏入职场的年轻女性来说，受"看脸"效应的影响或许更为明显，在一些职业交流聚会的场合，经常听到"颜值高的人是不是面试很容易、更容易获得好的工作机会"这类话题的探讨。不可否认，天生丽质的外形条件在职场的起点可能会占有一点优势，而对工作成绩的优劣起决定作用的实际上是个人工作能力的强弱。职场立足、打拼，归根结底靠的还得是真本事，脚踏实地做自己。职业生涯是一个漫长的旅程，有低谷、有高峰也有坦途，不重输赢只问收获，随着时间的推移最终能沉淀下来的真正财富是个人修养与内心的丰盛，是通过一天天脚踏实地努力累积下来的学识、阅历。在这个长期过程中，每个人的际遇都不同，我们工作的环境充满变化、接触的人也形形色色，每天陪伴你的不是别人而是自己，是带给大家真实感受的你的职业形象。那么在如此的时代背景下，还会不会有人继续追问"面试、上班需不需要化妆打扮？"这种已然做好放弃自己的打算的问题呢？

"看脸"现象背后，反映出大家对于"美商"的敏感度（美商是指一个人对自身形象的关注程度，对美学和美感的理解力，甚至包括一个人在社交中对声音、仪态、言行、礼节等一切涉及到个人外在形象的因素的控制能力）。不是人人都有"女神"的条件，但是人人都有变美的能力，就算是女神也需要精心装扮，普通职场女性更需要不断提高美商"硬技能"将自己的职业形象塑造得端庄美丽。女性职场造型是形象设计领域中最基础的部分，本书也正是紧紧围绕这一主题展开讲解，没有革命性的理论或是浮夸的炫技，而是贯穿讲述关乎职场形象需要注意的每一项，书中除了涉及穿衣搭配、精细妆容，这两项强大的扮美"硬技能"，还有其他多方面基础内容的细致讲解。全部都是扎扎实实的技巧，只要耐下心来跟着做就能轻松掌握。通过认真的塑造过程可以认识自己、了解自己，并最终通过自己的努力打造出满意的职业形象，为自信心带来一种积极的暗示，内在的信心增强表现于外在是一种无形的精气神、气场，我们身处竞争激烈的职场，一定要充满自信，将能力展现得淋漓尽致！

从现在开始，锻炼自己不断向前，给自己耐心，也给时间耐心，每天坚持进步一点点。以积极的心态持之以恒地美下去！

本人希望借由这本书向所有身在职场的年轻女性们传递一份美丽正能量。祝愿大家在漫漫的职业生涯中开辟出一片广阔的职业天地，精彩纷呈地演绎属于自己那份独立、自信的美丽！最后，由衷感谢电子工业出版社策划编辑白兰、美术编辑赵伟言、王雅倩为本书出版提供的一切支持；感谢为本书图片拍摄提供服装支持的品牌：Deicy、HARDcANDY PR、MANGO；感谢付出辛勤努力的拍摄团队的各位：影社会摄影 - 赵欧非、amazing7摄影后期工作室 - 曾宽、嘉Studio潘蕾、杜嘉仪；以及在本书的编辑过程中曾经给予我帮助的小伙伴们：董晓琳、可鑫、Kirakira Nail宋姣、李星儒、马彦军、吴迪迪、王娜、张婧、张捷一。感谢蔡璐、王实、薛健等所有帮助过我的专家、老师、朋友们。

王敏家

2016年新春

1 前　　言

Chapter 1 赢在职场第一步
人见人爱面试造型优质胜出！

Part 1 服装色彩理论

14　关于色彩
16　色彩三要素
18　职场通用中性色
20　通过深浅色分布修饰出姣好身材

Part 2 服装细节

26　脸型分类法
29　体型分类法
32　服装线条
34　四种型格、线条的基础款搭配示范

目录

Part 3 发型

39 面试、职场发型造型原则
40 基本造型工具
41 基础技巧详细步骤
43 特别提示
44 赢在关键的360度完美发型造型细节
45 通过自我修剪，剪出恰到好处的淑女风范刘海
47 短发面试、职场造型要点

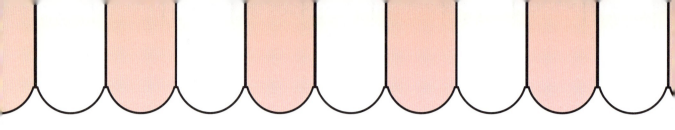

Part 4 彩 妆

53　肌肤底妆

66　眉毛妆容

74　眼睑妆容

81　眼线妆容

88　睫毛妆容

96　脸颊妆容

103　唇部妆容

108　10分钟快速打造面试造型

Part5 美　　甲

116　基本使用工具

118　基础技巧详细步骤

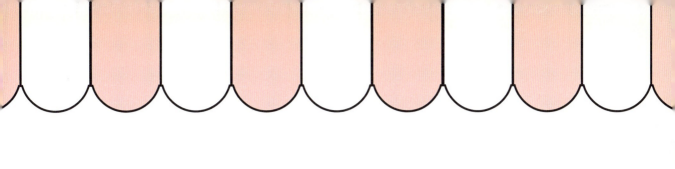

Part6 气　　味

122　检测口气

126　制造清新口气，
　　　日常正确护理方法很重要

Part7 笑　　容

131　展现魅力发掘潜力，微笑眼睛练习课

132　令嘴角上扬的"筷子训练法"

Part8 美容"小白"们的福音

Chapter2 赢在职场第二步
快速掌握职业女性着装风格

Part1 基本着装原则：两大型格胜任百变职场

- 140　时尚休闲派
- 141　一周装扮变换搭配示例
- 144　庄重优雅派
- 145　一周装扮变换搭配示例

Part2 适合职场装扮的基本款

- 150　羽绒服
- 152　外套
- 154　衬衫
- 156　半身裙
- 158　裤装

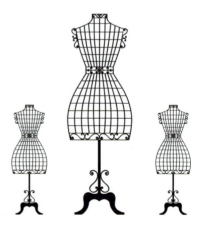

Chapter3 赢在职场第三步
细节决定职业女性"人品界线"

Story1 自我放小、确立职业形象感

164　个案分析（1）

Story2 破除严厉印象，与同事相处氛围更融洽

166　个案分析（2）

Story3 不盲从趋势，切忌花瓶形象，塑造实力派典范

169　个案分析（3）

面试，其实是面试官与你的"一见钟情"，所以，一个无论谁见了都抱有好感的面试妆毫无疑问是赢在职场的第一步。为了重要的初次面试顺利通过，每位面试者都会十分注重自己的仪表——服装怎样搭配不出错，发色染到什么程度，眼睛怎样提亮，你的整体造型是否真的适合你的身材、肤色和职场氛围呢？穿衣搭配、化妆造型可以令人自信，是散发魅力不容忽视的小道具，但是形象装扮不只是单纯地涂些化妆品，也不是为了炫造型出风头。真正的主角不是造型技巧而是女性本身，所以不要让人只注意到你的仪容仪表，将个人魅力引发出来才是造型的精髓所在。我们要做到知道自己本身的问题，并在这一基础上找到适合自身形象的同时又符合职场氛围的服装、化妆的造型技巧。优雅永远是职场造型的王道。一切从基础开始吧！

CHAPTER 1

赢在职场第一步

人见人爱面试造型优质胜出

Part 1
Color Theory For Fashion

服装色彩理论

　　告别青葱校园生活，马上就要迈入职场大门，该以怎样的姿态面对第一次面试，没有经验、只凭一张成绩单吗？上面显示的无论是高学分还是低学分，它代表的仅仅是过去几年学习生涯的总结，并不能代表现在的你。那么要如何证明现在的你？把紧张情绪甩开吧，再次入学怕什么，社会是一所新的大学，入职面试是一场新的入学考试，只不过这次考的不再是理论知识而是综合素质。没有经验没关系，把漂亮的成绩单，换成整洁利落的衣装穿在身上，在嘴角挂上明亮的微笑就是最有力的自我介绍，做到这两点，就算成功百分之七十了。

　　什么！怎么可能？听起来很夸张啊！双方还没有交流就已经成功一半以上！事实的确如此，据科学调查结果表明，两个人的交流，百分之七十是情绪，百分之三十才是内容。你的衣装搭配、仪容仪表已经代表了一大部分情绪的表达，特别是着装色彩传递出的感受，是最开始就被面试官读

Part 1 服装色彩理论

到的信息，从你走近他们的那一刻，面试官就已经对你产生第一印象了。如果此前由你制造出的沟通情绪不太对头，那么后面你所表达的内容就可能会被扭曲。所以在沟通之前，情绪层面一定要梳理好，这也就意味着，要预先做好职场形象打理功课。既然明白了这一点，就快来投入学习吧，第一课，就教你选对职场着装色彩。崭新的前程就在眼前了，整装出发吧！

01 Part 1 服装色彩理论

About Color
关于色彩

凡是色彩都会给人带来印象。因为色彩的表达力丰富、巧妙，潜移默化地影响着人的感觉，红色热烈激昂，黄色快乐跳跃，蓝色沉稳冷静……服装最大的影响因素就是颜色。哪些颜色适合自己？从形象设计的专业角度来说，了解自己适合的颜色，需要用色卡针对个人发色、眼球色、肤色——比对后作出综合判定。DIY测试也可以大致找出自己适配的色彩，方法很简单，对着镜子，将测试用的大面积色块交替铺在胸前，仔细观察镜中自己的脸色、瞳孔色发生的微妙变化，那些能令肤色看起明显提亮、眼神也更显清澈的颜色，基本就是适合自己的颜色。然而在面部有了底妆的前提下，选色就容易了，打过粉底之后，你会发现有很多颜色都很适合自己，这是因为经过粉底色修饰过的肤色明度变高了一些，许多与之明度相近的色彩也就适配了，这样的话，就可以根据自己的喜好来挑选着装的颜色，尽情享受玩转色彩的乐趣。

Part 1 服装色彩理论 01

当你转变社会角色，踏入职场，各种事情都要按规章制度来实施时，服装色彩也就被赋予了新的意义，它不再是你心情的晴雨表，而转身成为你职业态度的代言者。拥有亲和、稳重又具服务精神、奉献精神的人才，是所有职场前辈渴求的，怎样才能让他们在第一次面试时便可以对你做出全方位认可呢？除了语言表达外，你的着装色彩也在悄悄地透露个人讯息哟。身着暗调冷色往往给人留下理智印象，穿着高明度暖色服装去面试可能会给对方留下夸张做作的感觉。

说到这里，你或许想问着装选色到底有多难？对于学习艺术设计专业的同学，色彩学的确是一门内容厚重的必修课，而对于职场新鲜人来说，提纲挈领地了解一些色彩基础知识就可以轻松"出师"啦！

01 Part 1
服装色彩理论

Elements of Color

色彩三要素

[色相环]

色彩最基本的构成元素,它们是:色相、明度、纯度,在色彩学上,也称为色彩的三要素或三属性。

Part 1 服装色彩理论 01

==色相就是指色彩的相貌、名称。如红、黄、蓝等。==色相是由光波长短不同所产生的色相变化,是色彩三属性中最积极、活跃的要素。当两个以上色相并置时就产生了色相对比,在色相环上各个色相之间因距离、角度不同而产生各种对比效果。举例来说,距离越近、角度越小的两个色相之间,对比效果越弱,反之越强,由此规则又衍生出同类色、邻近色、对比色、互补色、有彩色与无彩色之间相互对比的五种对比关系。

==明度是指色彩的明暗、深浅程度。==不同明度的色彩并置就产生了明度对比。不同明度的色阶搭配在一起,画面整体就产生不同调子,即高低调和长短调。运用低、中、高调和短、中、长调等六个因素可组合成许多明度对比基调,将高低调与长短调再相互比照,又产生出九调变化,它们是:高长调、高中调、高短调、中长调、中中调、中短调、低长调、低中调、低短调。充分表达出色彩的明暗层次变化、形体的体积感和空间感以及光影效果。

==纯度是指色彩的鲜浊程度或纯净程度。==色彩间鲜艳程度的对比形成纯度对比。从纯度概念本身来说,又可以分为高纯度、中纯度和低纯度等基调的对比,每一种基调中又根据对比程度的差异分成强、中、弱等不同调性,在如此精微的变化中将色彩表达与传递得更为丰富。

01 Part 1
服装色彩理论

Common Color
职场通用中性色

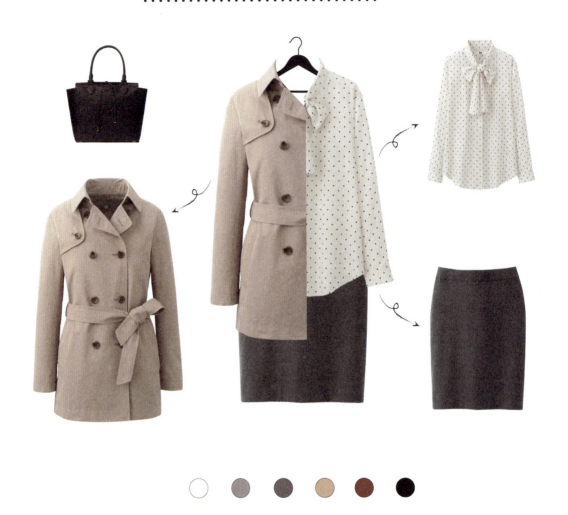

凭借基础的色彩常识,距离成为服饰色彩搭配达人还有一段长长的距离,毕竟需要通过长期、大量的"实战"经验累积,才能达到在不同时间、地点、场合,运用适合的色彩搭配来展现个人形象的"功力"。作为职场

Part 1 01
服装色彩理论

新鲜人来说，办公时间、环境都相对单一和固定，那么学会运用初阶的色彩常识，就能将职场服饰颜色搭配得时尚又得体，特别是娴熟应用"中性色"混搭技巧，轻轻松松提升衣着品位。

在开始的章节中，介绍了几个基础的色彩概念，都是为了引出"中性色"并让大家能够很好理解它的概念而作的理论铺垫。中性色，也叫基础色。其中包括无彩色（黑、白、灰）以及明度、纯度都属于中间调性的，俗话说不怎么鲜艳的色彩。基础色带给人的感觉，像和煦的春风，轻柔、含蓄、清新扑面，越是低吟浅唱越是内涵万千。基础色看似相当平凡，搭配度却非常广泛，很简洁、很随意就能塑造出时尚白领的模样，因此深受各行业职场女性们的欢迎。

此外，中间色那低调的外观下还深藏强大的"变身"潜力，当它与明艳颜色搭配时，会迸发出一种明媚的女性魅力，令造型瞬间出挑！百搭中间色，是职场用色的王道，胜任各种场合出现，适合各年龄女性穿着，一点都不用担心界限问题，年轻女孩面试服装配色毫不犹豫选择它就对了！

通常，三种或以上有彩色系中的颜色搭配，不适宜出现在职场装扮中。如果三种都是中性色搭在一起，只要用色比例安排得合适，例如：白色衬衫外穿米色西服，下装是黑色裤装，色彩面积分配得有主有次，仍然不失雅致格调。

01 Part 1
服装色彩理论

Color Distribution

通过深浅色分布
修饰出姣好身材

　　色彩选择的大方向已经找对了,我们现在知道,通过中性色可以轻松展现出受人欢迎的职业形象,下一步,便要来学习怎样运用色彩修饰身体比例了。从理论上讲,女性的身高与体重,四肢与躯干等部位在一定的比例下最美。专业人士在进行了大量研究后,终使美丽得以量化,从整体的

Part 1 服装色彩理论

头身比例到纤细足踝关节比例,参考数据非常详尽、严苛,就算专业T台模特也没有几人能拥有那么标准的体态。

  作为一般职业女性,体态美在于匀称、适度,没有必要因为那么多遥不可及的数字而挫伤装扮的勇气。在装扮中,仅仅遵循一条"黄金分割"法则足矣,这可是从古至今地球人民都通晓的美学定律哟!这一分割法,

上浅下深、内浅外深,靠近脸部的丝巾或装饰以明亮色为首选,务求塑造亲切柔和的第一印象!

Part 1　服装色彩理论

其数值比为 1.618 : 1 或 1 : 0.618，是公元前六世纪古希腊数学家毕达哥拉斯发现，后来古希腊美学家柏拉图将此称为黄金分割。反映在人体美学方面，就是上、下身黄金分割比例：以肚脐为界，上下身比例应为 5 比 8，即符合黄金分割定律。

　　世界上没有完美的个体，只有不停完善的个人，就像我们总是明智地

带有沉稳内敛色彩印象的深色上装，适合金融、保险、法律、会计、行政管理类等靠信任感赢得客户的从业人员。

为自己挑选深色显瘦打底裤那样，善用色彩完善身材。除了会运用上装浅下装深的搭配技巧修饰身型以外，内浅外深以及在脸部周围运用明亮色丝巾及装饰物的配色方法，也非常适合面试造型以及初入职场的职业女性运用。通过这三点制造视错觉，让我们轻松就拥有看上去协调的身体比例。不仅达到了黄金分割的视觉效果，令普遍腿短的亚洲女性身材得到较好的修饰。另外一方面，也成就了亲切柔和的职业形象。因为中国年轻女性发色都普遍偏深，天然的黑色头发很多，就算是染发也是选择深栗色占多数。那么上衣一味选择深色系服装会给人过于压抑、甚至是严厉的印象；如果穿着略深的中性色的上衣会与深发色之间产生一定程度的明暗对比，此时脸色才会显得亮泽不失柔和，五官、个人气质将因对比色的视觉效果而被衬托得更为清新、鲜明。

02 Part 2 服装细节

Part 2
Fashion Pattern

服 装 细 节

中性色方案,解决了选色困扰。接下来款式和整体的搭配该怎样完成呢?既要修饰身形又要体现出职业风格,规划职业形象好像是一件特别复杂的事情。凡事理清脉络抓住关键,就能事半功倍。解决这个问题的关键就在于一个简单的"形"字。人体、衣物从上到下、从里到外无不存在于形状中。脸型、发型、服装款型都有"形"的体现,因为"形"的微妙变化,人与人、物和物之间才有了千差万别之处。同一款衣服穿在高、矮、胖、瘦不同的体型上,肯定效果各异,有漂亮的,也有差强人意的,不是衣服穿人,而是人穿衣服的道理就在于此,要根据自己的身形挑选适合的款式。

适合就是适形,身体的形状偏向哪里,服装款式的外形也要与之相应。例如,一个脸型、身材瘦削,整体线条偏向直线形的高挑女性,从头到脚穿着佩戴一些曲线感的、柔弱感的服饰,只能更加反衬出她的硬朗形态;如果她选择了那些设计简洁、线条利落的直线形剪裁的服饰则会更加适合她的身形，看上去反倒柔和了。这也就是为什么，一些欧美品牌的款式不适合亚洲女性穿着的原因，适形原理就是这么简单实用，一切关于款型方面的选择困难，听从自己身形的召唤就对了！始终记得适合的就是最好的！

02 Part 2 服装细节

Face Shape
脸型分类法

　　脸型大致分为棱角形、曲线形和混合形三种。棱角形一般表现出来的细部特征，比如：前额平直，眉骨突出、眉形凌厉，鼻子细长，颧骨明显，下颚线呈方形等，脸部轮廓看上去如雕塑一般深刻。方形、长方形、菱形、倒三角形的脸型都归属于棱角形脸型。

　　曲线形脸型包括圆形、心形、梨形以及椭圆形。细部特征，比如：额头饱满、脸颊丰盈、下颚线圆润，弯弯的眉毛、圆眼睛、鼻梁鼻头宽阔有肉，这些都是判断曲线形脸型的具体依据。

　　在下结论前需要对面部外轮廓与五官特征进行整体观察后再做综合判断，看看是脸部中直线条比较多，还是曲线条占的比例比较多。如果脸型属于曲、直相间的混合形又想做出清晰判断，那么按照自己感觉最舒服的类型归属就好。

Part 2 服装细节

[棱角形脸型中包括了这些脸型]

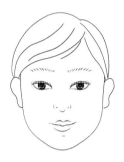

方形

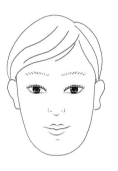

长方形

菱形

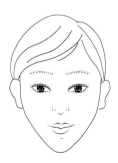

三角形

02 Part 2 服装细节

[曲线形脸型中包括了这些脸型]

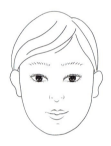

圆形

心形

梨形

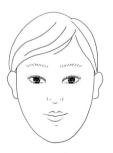

椭圆形

Body Shape
体型分类法

体型分类方法很多，常常听说的有梨形、苹果形或是用字母表示的H形、X形等等。跳出花哨的名词，以最直观的角度来定义体型，就会发现无非还是直线形和曲线形两种最基础的分类。直线形的体型属于腰身线条较不明显的体型，比如躯干长，肩、腰、臀比例相近，不管体重多少，体型给人的感觉都是直线形的；相反，肩部、胸部、腰部、臀部有明显的曲线起伏、腿部也有弧度的身型就归属于曲线体型。需要特别说明的是，无论直线形或曲线形体型都与身材胖瘦没有太大关系，就像欧洲人头颅形状偏于立体、亚洲人的头颅形状偏于扁平一样，都是一个对"形"的简单的、形象的描绘。

当不同脸型与体型结合时又交叉变化出直线型、柔和直线型、直线柔和型与曲线型四种身体线条类型。每个人的身体线条基本不变，即使未来因为年龄增长、饮食习惯改变，体重及身材发生一些变化，总的身体线条形态还是会与之前的相等。了解脸型和体型的集合特征对正确选择化妆造型和服饰都有很大的帮助。

02 Part 2 服装细节

[直线类型体型与曲线类型体型]

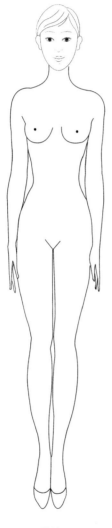

曲线

直线

[两种脸型、体型结合会产生四种身体线条的变化]

棱角形的脸型
结合直线体型

直线类型

带有曲线的脸型
配上直线体型

柔和直线类型

棱角形的脸型
配上曲线体型

直线柔和类型

曲线脸型配上
曲线体型

曲线类型

02 Part 2 服装细节

Costume Line

服装线条

分析清楚自己身体线条的归属，穿衣的方向也就清晰明朗了。遵循适形的原则找到与自己身体线条对应的服装线条，衣服穿在身上就会像量身定做的一样合体，搭配也会成为一件自在、轻松的事情。集合不同廓形的剪裁、面料和细部设计，服装线条也同样可以定义为：直线型、柔和直线型、直线柔和型、曲线型四种。

具体来说，那些面料质地较硬、外轮廓及设计中带有条纹、格纹等直线元素的服装归属为直线型服装线条；面料偏软，外轮廓及设计中以直线元素为主的服装属于柔和直线型服装线条；面料硬外轮廓直、细节设计元素具有柔美曲线感，归于直线柔和型服装线条；服装面料、外轮廓柔软，细节设计也充满柔美女性化元素的服装就属于曲线型服装线条。

影响服装线条的细节还有很多，比如图案、褶皱、省道、口袋，乃至小到一粒纽扣这些细节，如果要详细阐述估计几本专业的书籍都讲不完，在这里就不详述挑选原则了，而且对于职场女性来说，应该避免繁复的组合，运用适形的原则完成简约的搭配就已经足够了。

Part 2 服装细节 02

Straight

直线型服装

Downy Line

直线柔和型服装

Soft Line

柔和直线型服装

Downy Curve

曲线型服装

Part 2 服装细节

Dressing Match
四种型格、线条的基础款搭配示范

[直线型服装搭配示范]

Spring

春

Summer

夏

Autumn

秋

Winter

冬

Part 2 02
服装细节

[柔和直线型服装搭配示范]

Spring

春

Summer

夏

Autumn

秋

Winter

冬

02 Part 2 服装细节

[直线柔和型服装搭配示范]

Spring

春

Summer

夏

Autumn

秋

Winter

冬

Part 2 02
服装细节

[曲线型服装搭配示范]

Spring

春

Summer

夏

Autumn

秋

Winter

冬

时尚是一种功力,需要时间与积累。享受一次次的造型试炼吧,试着通过颜色、廓形、面料、服装设计细节和搭配来找寻、判定自己的风格,创造平衡与协调的美感。

Part 3
Hair Style

发　　　型

　　神清气爽的头发造型是好印象的开端。面试官在什么时候就开始对面试者产生第一印象？从总的形象来说是色彩和轮廓，从细节造型来分析，在面试者向面试官走近的这个瞬间，发型会首先映入对方眼中，所以从那时开始，面试官对一个人的印象就有了大概的判定。如果连最初的感觉都不能让人接受，那么后面再机智的对答都可能不被肯定。更糟糕的是，对答过程中，因为不小心落下的头发而慌乱了手脚，无意识地用手指来回拨头发，都是会令人觉得不被尊重的行为，哪里还有成功过关的机会？要知道，忽略发型整理，很容易就输在了起跑线上哟！无论怎样的长度，首先要令头发清洁、整齐、富有光泽感，将头发挽在耳后也是职业形象发型塑造的重点。想让自己才华有更进一步的展示机会，就用干净利索的头发造型来给对方留下清爽好印象吧！

Part 3 03
发型

Beauty Principle

面试、职场发型造型原则

Point 1 避开过度染色及浓重黑色，保持稳重感发色

对于初次面试的职场新鲜人来说，夸张的发色并不能彰显出本人与众不同的个性，即使是艺术类领域的工作也不需要。因此那些过于夸张的浅金发色、酒红、蓝黑、蓝绿等彩色发色都是不合时宜的，这些颜色只会给面试官带来轻浮、自由散漫的不良印象。过于深重的黑色发色会给人暗淡的印象，所以用比自然发色稍微亮一点的颜色，深棕色就很好，用色度大概是 5.5~6 左右，特别是皮肤偏黄的人要避开漆黑色！

Point 2 清爽马尾造型是面试时最通用的发型

那么我们要怎样开始选择自己适配的发型呢？首先要介绍的是利落马尾造型，清爽中不失干练，又不会觉得土气，面试造型最适用。如果觉得自己脸型不适合也没有关系，通过不同刘海造型就能轻松来解决这类小烦恼。可以说，马尾辫最简单也最无敌！

Point 3 头顶部要制造蓬松自然的效果

将刘海全部后拢，头顶过于紧绷的束发造型，通常是健身房中的标准发型。如果是面试的话还是将头顶部的发束制造出一些蓬松度吧，看上去更有职业女性风范。

03 Part 3 发型

Hairstyle Tools
基本造型工具

吹风机

吹风机主要用于头发的干燥和整形。它吹出来的风属于干风，若使用的时间过长，很容易会令头发水分过度流失，造成热伤害。把损伤降到最低的秘诀就是：用毛巾先拍干头发上的水分，再用手轻轻梳顺头发，最后使用吹风机。

剪刀

普通剪刀有可能会导致发尖受损，因此要使用修剪头发专用的剪刀，专业发剪的特殊刀刃只为细密柔韧的发丝而设计，如果用于头发之外的修剪用途，刀刃会很快钝化。

尖尾梳

在自己修剪刘海时使用很便利。使用发梳将头发梳理通顺是非常关键的步骤。在修剪的过程中为了检视刘海长度也要同时用梳子配合梳理。

九排梳

适合大多数的中长直发及短直发，梳齿排列及设计能穿透较厚重的发量，灵活顺应头发走势，防止扯断头发。镂空型九排梳还可以配合吹风机使用，使用时将造型重点放在发尾，吹直、吹卷都很轻松，是自己在家整理发型的好工具。

发圈

表面布织的比较宽大的皮筋可以将发辫固定扎成一束，选择与发色一致的沉稳黑色、深棕色为宜。

发卡

长长的发夹可以很牢固地固定住分层的发束，若是使用在修剪刘海过程中，事先准备4个发夹会更加便利。

打薄剪

内刃带有凹凸设计的剪刀，能够使修剪的部位与没有修剪的部位自然衔接，是提升整体造型完美感的必备工具。

Part 3 发型 03

How To Do
基础技巧详细步骤

[稍稍动一点小心思，快速完成清爽马尾辫造型]

\ Let's try /

1. Step 湿润头发

先用护发营养水将发根处仔细湿润，避免分好的头发又顺着惯性跑回去。

2. Step 确定发际线

用手指分出一道浅浅的发际线，然后用吹风机吹干湿润过的发根，将发际线固定。

3. Step 扎起发辫

拿起头顶处一束头发倒梳，在下巴到耳下方连接线的延长线上扎起发辫。

03 Part 3 发型

4. Step 整理前发

将刘海处的头发别起来,将前面的一束头发别在耳后,注意不要过厚。

5. Step 固定刘海

一手扶着刚才固定好的前发,一手将隐形发卡从后面向前别住头发,发卡的顶端要向外。

6. Step 调整发夹

将隐形发卡从下端旋转180度,顶端固定在发根。发卡的前端就将头发牢牢地固定住了。发卡只能隐约看见,这样既不会使发卡露出太多显得孩子气,又会让整个人变得更加干净利索。

Finish

Side

Back

Part 3 发型 03

Beauty Tips

特别提示

Point 1 马尾辫的扎法及位置特别说明

想要扎一个干净利落的马尾辫，发辫固定的位置也会影响形象。扎得过高容易给人造成骄傲、浮躁的印象；扎得过低，看起来又会显得过于保守、呆板缺乏活力。从下巴到耳朵的连接线，其延长线往上的高度最佳。从这一点起向上两厘米左右的位置也可以尝试，给人年轻又朝气的印象。

Point 2 加分好印象的束发妙招

用黑色的橡皮筋将发辫固定后，若再用发束遮住橡皮筋，时尚精致的细节会立即加分好印象哟！具体做法是：在绑橡皮筋的地方将一小束头发牵出缠绕在橡皮筋上，最后用黑色发夹固定。

Point 3 蓬乱的发卷处理小技巧

刚刚烫过浓密发卷，看起来很蓬乱的发型，缺乏职业人士该有的利落感，因此在造型时，用含有油分稍多的发蜡涂抹全部头发，头顶也不要让它太过蓬松，翘起的小碎发也要用整发液整理贴顺。发量仍旧很多很蓬的话还是扎起来的束发造型比较妥当。

03 Part 3 发型

Change Details

赢在关键的360度完美发型造型细节

齐刘海，没有你想象中那么简单

刘海绝对是衬托个人气质、修饰脸型的关键点。如果你的脸型不适合将刘海像刚才那样向后梳理，又或者想通过整齐感的刘海来达到修饰脸部轮廓的目的，那么就将刘海塑造出一个重点吧。齐眼帘的刘海造型，亲和力十足，与束发、短发造型都很容易搭配，所以在初入职场的新鲜人中最有人气。齐刘海造型看似简单，其实造型也是相当有讲究的，发束的长短、薄厚、宽窄都是影响刘海造型的重要因素。只有各部位修剪比较适中的齐刘海，才能对脸型修饰起到较好的作用。如果修剪出的造型不得当则会给你的面试发型减分哟！

OMG!!!

NG 厚重的齐刘海

一刀切式的过于厚重的刘海也是要避免的，沉重的发量将额头遮盖得一丝空气感也没有，给人带来的印象是粗糙又笨拙的，因此不建议在面试、职场造型中出现。

NG 短促的齐刘海

刘海边缘在眉毛之上很高的话，是属于非常突出个性的造型，一方面会将不完美的脸部轮廓凸显，另一方面这种刘海造型缺乏职场女性应有的柔和特质。

NG 遮盖眼帘的长刘海

当刘海已经到达瞳孔边缘，不仅遮挡本人视线，还会模糊面试官对你的第一印象，甚至因为给人懒散没有生气的感觉而对你的第一印象减分。幅度过宽的刘海也不可取。

Do It Yourself
通过自我修剪，剪出恰到好处的淑女风范刘海

\ Let's try /

1. Step 头发分区

自己修剪刘海，建议在干发的状态下进行，湿发修剪不易控制头发的长度。从头顶部开始，用尖尾梳划分出幅度适中的三角区，面部周围头发用发夹固定好。三角区域的刘海再分为表面、中段及下段三部分，表面、中段分别用发夹固定，从下段部分的头发开始修剪。

2. Step 修养下段刘海

使用剪发专用的剪刀，从下段刘海的正中间部位的斜下方开始插入剪刀修剪，这样剪出的发梢更为自然。修剪好下段头发的发梢后，将剪刀换为专用打薄剪调节下段刘海厚度，同样是从偏下方开始倾斜插入，在发束中间至发梢处的2~3个部位进行修剪。

3. Step 修剪中段刘海

以下段头发的长度为基准，中段头发也从中央开始纵向插入剪刀，一点一点修剪，再修剪左右两侧的头发。换打薄剪，由中央开始呈放射状选取3~5份发束，然后将发束斜向提拉，加入打薄剪。注意，削薄时在发束较中间偏下部分进行。

03 Part 3
发型

4. Step 修剪上层刘海

放下表面头发,重复与上两步相同的修剪步骤。为营造表面发束的轻快感做好准备。提取中间部位的发束与头皮形成90度,从头发中间开始插入打薄剪,开始向发梢方向削薄3~4剪。

Finish

Short Hairstyle
短发面试、职场造型要点

对于刚步入社会的女孩来说，过于成熟的造型容易缺乏谦虚精神，一直保持清爽短发的女生也不必担心自己看起来过于幼稚，可以通过对短发造型简单、细致的打理来塑造可以信任的"微熟"气质，让你更容易获得面试官与前辈们的好感。给人干练利落感觉的 Bob 短发造型是你面试发型的最好推荐，自然不造作，护理方便，几乎没有脸型限制，与服装容易搭配，非常符合"快节奏的时代精神"，虽然不像长发造型空间那样丰富，但却更加易于变化，只需根据自身发质特点做出些许微调，职场印象就能大大提升！

比如稍稍改变刘海划分方式就能立即起到转变气质的效果，偏分斜刘海更精神一点，也更显成熟，出任金融、法律、销售类工作，这款发型很合适，面试官也会认为你的性格如同你的发型那样爽朗；中分刘海，展现优雅与自信，如果将头发染成适当的深咖色，时尚度瞬间 up，很符合艺术类职场气息，面试成功率倍增哟！

增添成熟职场气质除了运用刘海分区的技巧以外还可以通过微卷发卷造型来实现，粗硬的发质可以用内卷"降服"，细软的发质靠层次丰富的外卷来拯救，拥有绝不 NG 的面试发型，亲自动手吧！

03 Part 3 发型

调出微熟气质，粗硬发质波波头就用超简单的内扣发卷来实现

[粗硬波波头的烦恼]

粗硬发质通常发量较多，比较容易蓬乱，早晨变成爆炸头，夜晚睡觉压出的痕迹、皮筋和发饰的痕迹都很难消除，造型难度大，怎样都不容易上卷，即使补给充分的滋润也不容易令发型看上去文静，总是蓬乱无型，缺乏亲切的印象。

●..

[解决提案]

造型前在发梢位置使用油性质地发妆品，充分滋润、软化发梢。造型重点是用大号电卷棒将发梢头发内扣夹卷，外层头发内扣夹蓬松些，形成内层贴服表面动感的柔和印象造型。

Part 3 发型 03

[基础技巧详细步骤]

1. Step

洗发后，只在湿润的发梢涂抹滋润感的护发油并用双手轻轻揉搓发梢，令油分快速吸收。

2. Step

距离头发10~15cm处，使用吹风机从斜上方开始吹理头发，风向是由发根部位朝发尖吹干，整体方向朝前效果更加理想。

3. Step

待头发八成干时，头后部的头发使用圆筒卷发梳边内扣梳理边吹干。

4. Step

除去表层的头发，面部周围的头发从发根至发梢使用电卷棒全部向内侧夹卷，打开之后效果更自然。

5. Step

将整体头发的发梢用电卷棒再次内扣夹卷，强调发尾弧度。

6. Step

刘海的发梢也用电卷棒内扣夹卷制造优美的弯度。造型过程中务必让电卷棒与脸部始终保持一定距离，避免灼伤。

48/49

7. Step

面部周围的头发用电卷棒向内卷弯卷一圈半，使头发自然地弯垂至面部两侧。

8. Step

将面部周围的头发一束束地提起，用喷雾来固定发束弯度。

Finish

03 Part 3 发型

调出微熟气质，细软发质波波头就用蓬松层次发卷来实现

[细软波波头的烦恼]

  细软发质整体缺少体积感，总是容易贴附于头部，用电卷棒夹卷超费时间，虽然很容易成型却也消失很快，清晨蓬松度还好，一到下午就会失去活力，头发都贴在头皮上，看上去呆板老气。

[解决提案]

  为了增加头发蓬松感，要在造型前使用乳液质地的发妆品。造型时用大卷制造头顶部立体感很重要；其余头发用小号电卷棒内外交错夹卷，实现自然的体积感效果。

Part 3 发型 03

[基础技巧详细步骤]

1. Step
湿发状态时，取适量乳液质地的发妆品均匀涂抹于头发中部至发稍。

2. Step
涂抹后，一边将头发根部提起，一边用吹风机的热风由斜下方开始吹理至八成干。

3. Step
在头顶的莫西干发线区域（以双眼之间的幅度为宽度，以头顶部位由前至后的线条为长度）卷上三个粗大的发卷。

4. Step
下面的头发要从发梢开始用小号电卷棒翻卷2圈夹卷。耳朵前方的头发内卷，耳朵后方的头发外卷，打造出不规则的立体感效果。

5. Step
下方头发卷好后，取下头顶部的三个发卷，用粗大的电卷棒将该部位发束从发梢起进行2圈的内卷。

6. Step
在手上涂抹少量发蜡，由头发下方开始涂抹并整理发卷，注意用量不要过多，是保持体积感的关键。

7. Step
用双手温柔地整理发束的纹理走向，调整好左右两边发卷的平衡感。

8. Step
最后提起发束在发根部附近喷上少量定型喷雾，保持住头发整体的体积感与蓬松感。

Finish

04 Part 4 彩妆

Part 4
Make Up

彩　　　妆

　　制造好印象面试彩妆，自信满满顺利通关，彩妆是重中之重。对于那些习惯素面朝天的人来说，"素面"感觉不错的想法已经根深蒂固了，总认为素颜是朴素的表现，其实这只是固执的一己之见。从职场一员的角度来分析的话，就会发现素颜是不会得到大家普遍好感的。我们可以试想，当自己身穿时尚职业装或是深色制服，如果脸部没有任何色彩和修饰，整个人会显得很没精神，总是觉得缺少点儿什么，站在镜子前，自己都没有足够的自信，面试官也不会录用看起来缺乏生气的求职者。明白了这点，就了解彩妆的重要性了。彩妆让人更加神采奕奕，这是素颜无法代替的。

　　当然，面试妆容，洁净感是第一位的，配色的明朗度也很重要，能准确觉察到职业女性需要怎样适应社会的求职者才是优胜者。无论去哪里面试，首先都要建立自信，化妆是最佳方法，也是初入职场最基本的礼仪，现在就从我们的好印象妆容起步，从上妆步骤到涂抹技巧全部都教给你！

Skin Tone

肌肤底妆

………………………………

　　细腻、光润的肌肤反映出一个人良好的精神面貌。面试当天的妆容要尽量自然，既保有原始肌肤的清透感又要呈现出高品质的润泽肤质。那么除了平日细腻、周到的呵护以外，通过进一步底妆修饰的步骤也非常关键。在各种质地的底妆产品中，粉底液是最富效率的美颜利器，它质地清爽薄透、上妆流畅、待妆持久的优点赢得了职业女性们的一致青睐。面部干燥、黯沉、痘印、出油、毛孔粗大等肌肤烦恼，通过使用粉底液以及一些辅助的底妆产品，再掌握一些简单的上妆技巧就都能被克服。

04 Part 4 彩妆

判定你的肤色属于哪一类？

黄皮肤＝黄色调？怎样才能正确判定自己的肤色，而不是一提肤色概念就慌，心里一直模模糊糊？之前讲到的内容马上可以帮到你哟！肤色无疑属于色彩范畴，既然是与色彩相关的问题，判定时，直接把色彩三要素理论拿来应用就好了。

首先我们要对肤色的色相有确切的判定，就像世界种族的划分，依据的就是人类肤色色相巨大差异区别开来的，是白、是黑、是冷还是暖一眼便知。细说到个体，比如同是黄种人的亚洲面孔，就算同一人，在同时期，不同部位的肤色也都存在明显差别，或深、或浅、或明、或暗，这些都是肤色明度和纯度变化的体现，究其差异根本原因是人体的DNA（遗传基因）不同。构成DNA的三个重要元素是：黑色素、血红素和胡萝卜素，血液中这三种物质的含量与比例共同决定了一个人的肤色，黑色素的多少决定了皮肤的黑与白、深与浅；血色素和胡萝卜素的含量比例决定了肤色的冷与暖。对应这些色彩特征，肤色判定便产生了冷、暖、深、浅、明、暗六个判定维度。

为了便于记忆和应用，很多色彩专家会把核心理论转化为生活化的比

Part 4 彩妆

喻讲给你听，身边常常听到的"小麦色肌肤"、"桃粉肤色"等词语都是人们对肤色多维度判定后给出的贴切形容，背后一直都有色彩的"潜规则"在默默运作。设计界流行的四季色彩理论便是基于色彩要素常识发展出的一种更为形象、系统的学说。

对于初阶了解和学习，本书在下面还是引用了基础色彩理论名词将不同肤色类型划分，这会让判定过程更为清晰。给肤色做定论前，要知道肤色特征并不是单独存在的，而是肤色、发色、眉色、瞳孔色结合在一起时呈现的视觉印象。多多观察吧，不要盲目地跟随他人意见，而是对着镜子观察自己还有周围人，慢慢地，你对肤色特征的敏感度和感悟力就会逐渐提升。

[暖色人]

给人总体感觉是橘色调，温和的，肤色在以黄色调的感觉中又有些偏红，像芒果色一般的肌肤色调。发色、眉色、瞳孔色中至少有两种显现出同色系的色彩倾向，比如金棕色、红褐色。

[冷色人]

整体往往呈现出偏蓝或偏灰的冷色调，但不失柔和感。比如肤色像雪梨瓤似的有种冷调的白皙，发色、眉色、瞳孔色也给人比较冷静的感觉，比如蓝黑色、灰棕色，即使有一些暖色系的特征也极其微弱。

04 Part 4 彩妆

[深色人]

面部各部位颜色的纯度高,带给人强烈的视觉冲击力,无论属于冷暖哪个色系都有偏浓重的色彩倾向,肤色较暗,发色、眉色、瞳孔色都较深。例如,暖色系中的深色人的肤色特征以棕红色为主,冷色系中的深色人的肤色特征以蓝黑色为主。

[浅色人]

与深色人正相反,面部各部位颜色的纯度低,带给人的视觉感受相对柔和、低调。发色、肤色相对协调、整体感觉偏淡。如果是暖色系中的浅色人的肤色特征以浅褐色为主,如果是冷色系中的浅色人的肤色特征以浅灰棕色为主。

[亮色人]

亮色人大都是肤色浅,瞳孔色纯度高但不浓,看上起很清澈。发色、眉色则属于偏深的颜色,与肤色对比强,将肤色衬托得更为明亮。

[浊色人]

浊色人肤色偏暗,总的色彩特征不深不浅很适中。发色、眉色、瞳孔色与肤色浑然一体,面部没有特别出挑的颜色。

粉底用色判定

各种肤色、肤质都是个人特征，没有好坏美丑之分，面部大多的细小瑕疵都可以通过底妆来修饰、遮盖，这也是底妆产品最重要的两大功能。所以挑选底妆产品首选就要看色号是否与自身肤色匹配，只有最接近自然肤色的粉底色才能达到最佳遮盖效果。

试用时，可以先将底妆试用品涂抹在手腕内侧的肌肤上进行短时的观察和测试。手臂内侧的皮肤薄且敏感，如果有刺激成分停留在这里，肌肤很快便会反映出不适症状；另一方面，手腕内侧肌肤下静脉、动脉血管分布清晰，将肤色色调属性衬托得更为明显，是偏向静脉血红蛋白（蓝）的冷色调还是偏向动脉血红蛋白（红）的暖色调一眼便知，适合自己的粉底颜色涂在手臂上会和肌肤表皮颜色很好地融合在一起，而不适合自己的粉底色会让肤色看起来晦黯没有光泽，粉底色块的周围会出现阴影，这种情形就说明粉底色与肌肤底层血管的色相不一致，达不到融合、均衡修饰肤色的效果，于是血红蛋白的颜色就由肌肤底层透出来在肌肤表层显现为阴影。液体、霜状质地的粉底、BB霜等底妆类产品都可以用这个方法来找到与自己肤色匹配的色号。

04 Part 4 彩妆

判定你的肤色属于哪一类？

在用对色号保证肤色均匀统一的前提下，再来说说底妆产品修饰肤质的效能。随着化妆品研发科技的不断发展，底妆产品已经完全超越了单一遮盖肤色效果的概念，出现了很多多功效型产品，在保证无瑕妆效的同时还具有让肤质变美丽的效果。特别是粉底的透明感和光泽度方面的表现都有了革命性的突破，妆感越发轻薄、细腻，可以塑造出十分接近自然肌肤的健康光泽，同时将肌肤困扰完全遮盖。匀净的肤色、细致光泽的肤质是妆容精致与否的决定性因素，色号对了、肤质打造得自然通透就等于为妆容铺垫了完美的基础，接下来的细部妆容就相当于锦上添花了。

上妆原则
[粉底之前的保养和准备工作是底妆薄透的关键]

时代审美正在向能够让人感受到轻柔的自然派妆容转移。而为掩饰肌肤问题涂抹厚厚一层粉底的做法反而会起到反效果,肌肤的透明感被完全遮盖,双眸的明亮神采也减弱了许多。想要打造充满透明感的底妆,可以在妆前进行简单的淋巴按摩提升肌肤紧致度和透明感,接下来使用优质的隔离霜和具有高效遮盖效果的浓厚型遮瑕膏来完美隐藏在意的瑕疵,最后配以质地轻薄的粉底,减少粉底用量就能打造出比任何时候都更加立体的脸部妆容。

04 Part 4 彩妆

基本使用工具

隔离霜

要遮盖掉黯沉泛红，获得自然肤色，选择香蕉色隔离霜最好不过了。在涂粉底之前充分涂抹，好似融进肌肤一般，抹上瞬间提亮。

粉底液

想要拥有自然肌肤，粉底选择必须够薄透、够细滑，同时还要充分贴合肌肤，带有透明光泽，另外持久不脱妆的性能也是很重要的。

粉饼

打造自然底妆的最后一步，就是使用透明感强的散粉/粉饼，不仅能完美地和肤色融合，还能让肤色更加明亮顺滑，同时打造出立体感。

粉底刷

高品质毛质的刷子，拥有弹性、顺滑的触感，同时刷毛的分量和形状也是经过精心计算的，可以迅速均匀蘸取液态或膏状的粉底。

海绵块

选择多面体式设计的块状海绵，无论多么微小的位置都能照顾到。质地要选厚实有弹性的，适度的密度能让粉底充分贴合肌肤。

散粉

散粉也叫蜜粉，粉末质地微细柔滑，有吸收面部多余油脂、减少面部油光令妆容持久的作用。涂刷后，妆容看上去更为柔和，或是呈现出一种微光、朦胧的质感。

请大家见证
我一步步的变化吧！

Part 4 彩妆 04

素颜

底妆待揭晓

眉妆待揭晓

眼影妆容待揭晓

眼线妆容待揭晓

睫毛妆容待揭晓

腮红妆容待揭晓

唇妆待揭晓

Finish

完妆造型待揭晓

04 Part 4 彩妆

基础技巧详细步骤
[将瑕疵隐藏起来，大胆说，我的皮肤很美丽]

1. Step 准备工作

面部基础护理完成后，先在面部、眼周进行常规的打圈按摩，去除眼部浮肿和黑眼圈。

2. Step 促进淋巴循环

用食指和中指张开夹住锁骨，摆动头的同时向内侧滑动手指，换另一侧重复动作、两侧做完为一组，一共做两组，每组10次。

3. Step 打通排角质出口

两手握拳，放在锁骨凹陷的位置，每隔2~3秒慢慢向上按压，锁骨外侧至耳后的区域也同样按压，每个部位重复动作5次，按摩动作至此结束。

4. Step 调动肌肤活力

用保湿喷雾均匀喷洒全脸，马上用手掌按压，让滋润成分充分渗透，多余的水分用纸巾吸掉，经过这一步骤肌肤活力已被充分调动，为妆容持久奠定了良好基础。

5. Step 涂隔离

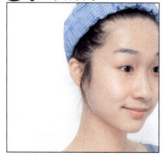

选择香蕉色隔离霜从泪沟的下方开始涂抹，一直到鼻梁两侧中部的位置，轻松遮盖熊猫眼和眼下W区黯沉。涂抹时要用海绵块轻轻点按涂抹均匀而不是滑动摩擦。

6. Step 内轮廓提亮

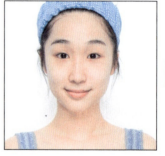

T区也要涂上香蕉色隔离，从鼻梁开始向上用海绵轻按涂抹开，就这样面部内轮廓开始明亮起来。

Part 4 彩妆 04

7. Step 眼部遮瑕

先从眼部肌肤开始点上遮瑕膏,再用海绵块轻轻按压均匀,注意不要施加力量、滑动擦拭,因为那样产品会全部吸收进海绵里。

8. Step 鼻翼、嘴角遮瑕

在鼻翼、嘴角这些黯沉并容易忽略的地方,用小号粉底刷蘸取遮瑕膏均匀轻点遮盖。

9. Step 痘印遮瑕

有痘痘及痘印的地方用小号棉签的一面蘸取遮瑕膏点在上面,再用另外一面将产品涂抹开来。

10. Step 控油调整

为了令遮瑕效果更加自然持久,最后可以用纸巾包裹住食指在涂抹了遮瑕膏的部位轻轻按压,吸收多余油分。

11. Step 双手涂粉底

手掌的温度可以提升粉底的贴合力。把粉底液涂抹在整个手掌心上,然后用双手像包住整张脸一样涂抹粉底。

12. Step 海绵按压

大面积涂抹后再用海绵块从脸部中心向外侧轻拍按压,让粉底完全贴合肌肤。

04 Part 4 彩妆

Step 13. T区定妆

定妆时,用大号化妆刷蘸取香蕉色面部修容粉底,第一笔刷在鼻梁至额头的部分。

Step 14. 眼下区域定妆

第二笔从内眼角下面经过泪沟一直刷到眼尾C区。

Step 15. 外轮廓定妆

第三笔换深一个色号的散粉涂在脸部外轮廓,涂刷动作尽量顺着淋巴循环的方向。

Finish

Part 4 彩妆 04

请大家见证我一步步的变化吧!

素颜

?

眉妆待揭晓

?

眼影妆容待揭晓

?

眼线妆容待揭晓

?

睫毛妆容待揭晓

?

腮红妆容待揭晓

?

唇妆待揭晓

Finish

完妆造型待揭晓

04 Part 4 彩妆

Eyebrow
眉毛妆容

令眼睛灵动传神，不仅仅是眼妆的问题，作为脸部基准的眉毛描绘方式同样需要认真钻研。眉毛在面部占有的面积虽然只有两小条，却是脸部唯一可以任意改变形态的五官，也是面部颜色最深的位置，在基础面试妆的塑造过程中是决定性的一步。所谓眉宇间散发出的气质，眉毛造型占有一半的决定因素。眉型衬托眼神，共同传达出鲜明的个人气质。眉毛根据粗细幅度、线条形态、眉色的不同组合，变换出各种各样的感觉，因此也就可以塑造出看起来效果各异的眼睛。但是面试场合，眉毛造型可不能过于随便。自然雅致的眉毛非常适合办公环境，也与任何妆容都能很好相融，知性美与干练态度兼具，即使是再严格的面试官也挑不出刺儿来，让我们一起学习自然雅致的眉型吧！

上妆原则——掌握眉型黄金比例

Point 1　眉头位置

从鼻头内侧的凹陷位置开始，将线条垂直向上延伸，眉头的基本位置应该处于这条延伸线上。

Point 2　眉峰位置

眉峰要处于鼻子中心部位开始到瞳孔这条直线的延伸线上，根据不同脸形的要求可以适当左右进行些许移动。

Point 3　眉尾位置

从下唇中间开始，朝向眼尾连接直线，而眉尾应该处于这条直线的延长线上。注意：眉尾高度超过眉头的眉毛造型是过时的潮流了，现在的人气造型是眉尾比眉头略低，并显得较短。

Point 4　掌握眉毛粗细黄金比例

从眉头到眉中，粗细程度应该是3，到眉峰附近为2，眉尾为1，这是比较理想的比例。

04 Part 4 彩妆

Point 5 原始眉毛的修剪

修剪眉毛时,不要把眉毛拔得过细,可用眉笔先沿着眉型的自然生长方向描画,然后按照眉型塑造的黄金比例调整眉毛造型的线条走势及粗细,最后再将杂眉拔掉或用修眉刀轻轻刮除。

Point 6 形状

职业女性的整体眉型应以平直走向为宜,眉峰处制造些许角度会增加亲和知性的印象,就算闲暇时也能让人感觉到率性的美感。

Point 7 颜色

眉色与发色一致或是以棕、灰色系为基本颜色。眉毛原本就浓黑的人用色要淡,否则会给人感觉很生硬;眉毛本身很淡的人就要选择较深的颜色来平衡妆容。

基本使用工具——修剪、整理工具

眉毛打薄剪

适用于浓黑、厚重、杂乱的眉毛打薄时使用,剪薄后的眉毛看起来更加清爽有层次。

修眉刀

刮除大面积杂毛时使用。尽量将刀片垂直,这样可以更为安全又迅速地将杂乱眉毛刮除。

斜头晕染刷

不像使用螺旋式刷子那样粗糙晕染,用斜头刷子一点点仔细晕染,才是自然眉色的关键。

眉梳眉刷

一体化的眉梳和眉刷使用起来十分方便。眉刷既可以用来整理眉型又可以晕染眉色。

眉剪

剪刀头部的弧度设计平滑,可以很好修剪眉毛弧度,十分容易操作。

螺旋式眉刷

非常适合梳理眉毛走向,或用于晕染过于明显的外侧眉线及没有涂抹开的色块。

04 Part 4 彩妆

基本使用工具——眉毛彩妆工具

铅笔式眉笔

通常偏重的眉色比较适用。笔头略粗一些,笔触轻快,可以自然填补眉毛空白。

眉毛造型胶

它可以很好地塑造眉毛流向,轻松改变眉色并赋予眉毛良好的光泽感。

眉粉

运用浓淡不一的眉粉盘涂刷眉色,可以赋予眉毛立体感,淡色的眉粉有时还可用于鼻影。

椭圆形笔芯眉笔

纤细的椭圆芯眉笔更易控制线条粗细,对于各水平的化妆女性来说都很易掌握。

液体眉笔

在眉部彩妆中,持久力出众,所以最适合描画极易掉色的眉尾。而且,还能像一根根植发一样,填补眉毛稀疏及空隙处。

Part 4 彩妆 04

请大家见证
我一步步的变化吧！

素颜

70/71

眼影妆容待揭晓

眼线妆容待揭晓

?

睫毛妆容待揭晓

腮红妆容待揭晓

?

唇妆待揭晓

完妆造型待揭晓

04 Part 4 彩妆

基础技巧详细步骤
[职场初妆的自然雅致眉型塑造技巧]

1. Step 起笔
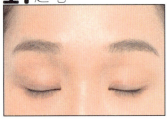
用眉刷先整理一下眉毛,再用眉笔开始在眉骨处描画。把笔放在眉毛中间位置开始起笔。

2. Step 中心定位

从眉峰中心开始向眉尾一点点描画,在眉毛中心画一条横线。

3. Step 底部定位

用眉笔在眉眶下描一条线,轻描即可,为调整眉毛的粗细做准备。

4. Step 眉刷整理

再用眉刷整理眉毛,顺序是眉头向上方刷,眉中向斜上方,眉尾向斜下方刷。

5. Step 修剪

用眉毛剪剪掉长出轮廓内侧的眉毛,调整眉型。

6. Step 清理外侧边缘

眉型外侧多余的眉毛可以连根拔除也可以用修眉刀轻轻刮除,肌肤变红可以冰敷。

7. Step 眉毛上色

用眉粉在眉眶内上色,将第二步、第三步勾画的线条用眉粉晕染开。

8. Step 均匀晕染

将眉刷移动到眉峰处,沿着眉眶上部一点点涂刷眉粉,填补眉骨上眉毛不足的部分。

9. Step 清理细小杂毛

超出眉眶上部的细小眉毛用眉夹拔除,杂毛太多的时候用剃刀剃掉,眉型立即整洁起来。

Part 4 彩妆 04

10. Step 涂刷眉头

对着镜子检查，运用刚才眉刷上的余粉涂刷在眉头上。

11. Step 涂染眉膏

用染眉膏让眉毛颜色变亮，整理眉毛。先从后半部分开始，逆向涂抹。

12. Step 统一眉型

眉头用染眉刷的前端部分轻轻从上往下刷，逆向往里涂。最后按照眉头向上、眉中向斜上方、眉尾向斜下方的方向梳理眉型。

Finish

04 Part 4 彩妆

Eye Shadow
眼睑妆容

涂抹眼影一定会增强眼部神采，但是不知怎样涂才是最正确、最适合自己的，诸如此类的眼妆问题，在初入职场的女性中疑问最多，为此而放弃眼影妆容的女性也不在少数。希望自己神采奕奕的精神面貌被人深刻记住，就一定要涂上眼妆。虽然眼妆的"玄机"的确很多，就面试妆容来说，凭借一种色调、一种基础涂抹技法，足以缔造出明媚双眸。每个人的眼型固然千差万别，应用少即是多的理论就显得尤为重要，没有必要锦上添花，学会实施简单、基础的方法是职场女性的第一课，就像接受第一份工作一样，永远都从最基层做起。

上妆原则——眼妆色彩选择关键

众多眼影颜色令人眼花缭乱，不知如何做出明智选择？用一些温润如肤色的暖色眼影涂抹眼妆都是很好的选择，浅驼色、金棕色、珊瑚粉色这三种颜色在职业女性族群中永远都不退流行，春夏秋冬都可以使用。从视觉效果来说，棕色系给人的色彩印象是稳重的、柔和的，其中，带有细腻光泽的金棕色最能够起到提亮眼神的效果。眼影用色切勿过多，或是带有大面积闪光颗粒的眼影会给人强烈的视觉冲击，通常出现在喜庆节日或是夜晚聚会的彩妆中，若在职场、面试场合使用会给人留下轻浮的印象，建议不要轻易尝试。

04 Part 4 彩妆

上妆原则——掌握简单又实用的眼影、眼线涂抹技法

将暗影色、中间色、高光色,这三种同色系眼影粉,按照从睫毛根部至眼球最高点的顺序逐层平行涂抹,就是最基本的眼影涂抹方法。眼线部分,建议使用铅笔式眼线笔来勾画,对于初学者来说便于掌控线条走向。眼线液给人感觉太明显也不易掌握,亚光眼线膏如果使用方法得当也是不错的选择。选色方面,棕色系眼线笔最好,比纯黑色柔和,勾画出的线条仿佛能变成睫毛的一部分,妆感十分自然。眼线要避免太过清晰、上挑,眼睛下方也最好不要涂抹眼影和眼线,不然会显得过于强势,缺乏亲和力。

Part 4 彩妆 04

基本使用工具

大号圆头眼影刷

圆头毛刷，触感柔和、顺滑，适于大面积在眼睑上涂抹、晕染中间色使用。

中号圆头眼影刷

中号毛刷上色时比大号毛刷更有力度，在睫毛根部涂刷暗调眼影时很容易将其均匀晕染开。

小号尖头眼影刷

小号尖头毛刷笔触纤细，在勾画眼线及涂抹睫毛根部的细部阴影色时运用最佳。

海绵头眼影刷

海绵刷头抓色能力强，触感柔软，双侧及尖端部分都可以单独使用，很好满足快速便捷上妆需求。

尖头棉棒

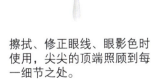

擦拭、修正眼线、眼影色时使用，尖尖的顶端照顾到每一细节之处。

请大家见证我一步步的变化吧!

素颜

? 眼线妆容待揭晓

? 睫毛妆容待揭晓

? 腮红妆容待揭晓

? 唇妆待揭晓

Finish 完妆造型待揭晓

Part 4 彩妆 04

基础技巧详细步骤
[广泛应用的基础平涂眼妆技法]

Step 1. 涂中间色

用中号眼影刷蘸取中间色,在睫毛根部至眼球中部的眼睑褶内浅浅涂抹,注意面积不要过大。

Step 2. 涂暗影色

用小号眼影刷蘸取暗影色,从内眼角至眼尾涂抹成一道粗线。

Step 3. 均匀晕染

使用大号眼影刷,在眼睑左右来回涂抹,将阴影线的颜色晕染开,与中间色自然衔接。

Step 4. 涂高光色

接下来用圆头眼影刷的另一侧蘸取高光色,涂抹在眼睑中部最高点,并轻轻晕染使色彩边缘逐渐融于周围中间色。

Beauty Tips
针对内双眼睑讲解的眼型提升技巧

运用双眼皮贴

涂完眼影后,在内双眼皮褶幅度较窄的地方,用支撑棒确定最佳支点,然后按照需要的幅度,贴上透明或肉色双眼皮贴,并用手指来回轻柔按压,令其与眼部肌肤充分贴合。

04 Part 4
彩妆

Finish

Part 4 彩妆 04

Eyeliner
眼线妆容

眼线能够决定眼妆的整体感觉，同时还可以调整眼睛轮廓和两眼间距，可以加强眼睛的神采，使眼睛黑白对比强烈。比如，同样长的眼线，如果在眼线的中心部位勾画得粗一些，就能打造出眼睛长度缩短，眼睛变大的感觉；如果将眼梢处的眼线延伸，就能打造出眼睛狭长的感觉——这就是小眼画大、大眼画小的诀窍。通过画眼线还可以表达女性的气质，比如，把眼线的重点放在下边，也就是下面的眼线比上面的粗一些，眼睛的位置降低，显得天真活泼；如果把眼线的重点放在上边，眼位升高，就显得成熟稳重。总之，只要熟练掌握了眼线基本的描绘技巧，就能打造出截然不同的妆效，美丽度Up！

04 Part 4 彩妆

上妆原则

很多人都抱怨说眼线难描画,的确,线条粗细、流畅与否会影响到整体妆容的质量,除了技巧,心思也是很重要的,不是让对方去注意你的眼线,而是通过眼线的衬托让面试官的目光落到你的眼睛上。如果只是将硬硬的线条描画到眼睛上只会起到反效果,给人以自然柔和印象的眼线才是恰到好处的。职场妆容可以将眼线笔和眼线液并用,借由一点点的叠加描画及用棉签晕染的技巧可以打造最为自然的效果。

Part 4 彩妆 04

基本使用工具

眼线膏

颜色深度介于铅笔式眼线笔与液体眼线笔之间；浓厚的质地与肌肤的融入度最好，不易晕染，持久度好；顺滑度适中并能用刷子描画，所以便于掌控线条的形状和粗细。

铅笔式眼线笔

油脂成分多，色彩颗粒略大，笔触相对较粗，质地柔软，因此上妆效果柔和、容易掌控，晕染后能够呈现眼影般的效果，因为眼线笔笔芯稳固所以非常适合初学者使用。

毛笔型眼线液笔

光泽感和颜色的浓厚感都绝对出众，呈现漆黑的妆效，最适合描画戏剧般的线条，眼尾的漂亮尖端可以用它呈现。水滑质地不容易结块，线条纤细、轻快，适合一气呵成的画法。

眼线刷

刷毛具有柔韧的弹性，毛尖聚集量丰富、着色度好。直线形的刷头可以勾画出尖而细的线，圆弧形的刷头用来晕出层次感。

请大家见证
我一步步的变化吧！

素颜

睫毛妆容待揭晓

? 腮红妆容待揭晓

? 唇妆待揭晓

Finish 完妆造型待揭晓

Part 4 彩妆 04

基础技巧详细步骤
[流畅自然的眼线塑造出高雅传神的美目]

1. Step 眼尾起笔

用手轻轻牵动眼皮皱褶，紧贴睫毛根部，将眼线笔头横过来沿着睫毛根部勾画。要从眼尾开始，不要一直顶到内眼角前端，要留一些空隙。

2. Step 描画内眼线

渐渐放松手指牵动皮肤的力道，使用黑色的眼线笔紧贴睫毛根部，从眼尾向内描画一道细细的眼线，填满睫毛空隙，也要在内眼角地带留些空间不要勾画。

3. Step 延长眼尾

松开手，从眼尾开始沿着眼睛的形状用眼线笔将眼线延长 3mm 左右。

4. Step 晕染眼线

用尖头棉棒将眼尾延伸出来的眼线稍加晕染并调整，使尖端更加利落清爽。向前移动棉棒，用棉棒将眼线全体加以晕染。

04 Part 4 彩妆

基础技巧详细步骤
[让单眼皮和内双的眼睛显大的眼线描画方法]

【单眼皮】

1. Step

单眼皮要强调瞳孔的上方。在上眼睑整体描画上粗粗的眼线，然后在瞳孔的上方按照山的形状，用眼影进行晕染，眼线与眼影交界处自然衔接。

2. Step

如果喜欢圆眼形，那么可以继续在瞳孔下方中部的位置描画上金棕色眼线并在其上晕染一点同色系眼影。

3. Step

最后再用同色系眼线膏在下眼睑中央紧贴睫毛根部轻调眼线。

Part 4 彩妆

【内双眼皮】

1. Step

内双眼皮要描画内眼线。需要用一只手按住上眼睑向上提起,使睫毛根部完全暴露出来,然后从瞳孔上面的上眼睑内侧开始用黑色液体眼线笔紧贴睫毛根部轻轻左右移动,慢慢勾勒出一道纤细的眼线,一直描画到眼尾。

2. Step

用黑色眼线膏从内眼角开始至眼睛中央勾勒纤细眼线与刚才的内侧眼线自然衔接。

3. Step

最后,在下眼睑的眼尾三分之一处勾画眼线并在上面晕染金棕色眼影,令眼部整体轮廓变大。

04 Part 4 彩妆

Eyelashes
睫毛妆容

　　睫毛妆容是整体眼妆的重要组成部分，与眼影妆容完美呼应，眼睫毛就像眼睛上方的屋檐一样，如果原生睫毛短、少、缺乏弹性下垂的话，即使眼影再精致，眼睛也还会显得有些黯淡，缺乏精气神。提升眼妆神采不能缺少的就是睫毛膏，用它将眼睫毛刷得根根直立，不仅可以起到增加眼影面积扩大眼睛的效果，经过睫毛膏涂刷变得浓黑的眼睫毛也会将眼球衬托得更为明亮，聪明伶俐的眼神令人过目难忘。而太过夸张的纤长、浓密睫毛，会被认为是幼稚小女孩的做法，不能赢得面试官丝毫好感，结块和熊猫眼也是不能允许的，只有营造出自然卷翘的睫毛才是好印象正解。除此之外，自然款假睫毛因其丰富的类型、粘贴便利等多项优点成为了轻熟女眼神 Up 术的主流，就算原生睫毛稀少也不同担心任何问题，追求完美妆效的你不妨大胆尝试。

上妆原则

为了将睫毛膏涂得更清晰、干净又不伤害睫毛,那么涂抹的顺序就很重要。先从中间的睫毛的根部开始涂刷,切忌用力过大及睫毛膏过量,不然膏体很容易落到下眼皮上;接着是内眼角的睫毛,涂刷时注意将内侧睫毛向上抬起;然后是外眼角睫毛,涂抹时注意不要涂抹过量,否则非常容易变成"熊猫眼"。涂下睫毛时先将刷头竖向涂一遍睫毛再将刷头横过来再刷一次。如果你是自然款假睫毛的支持者,那么上妆原则就是要使假睫毛与原生睫毛混搭得自然、毫无违和感,与眼角、眼尾、眼线均能精准、紧密贴合在一起,眨眼时不会发生错位上移的情形,没有胶水外溢边沿,保持牢固。

04 Part 4 彩妆

基本使用工具

睫毛夹

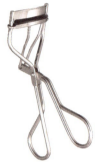

选择夹子弧度与眼型吻合的款式，睫毛整体卷翘度更为统一。

螺旋状睫毛梳

用来清理睫毛膏结块，改变、梳理睫毛走向，巩固睫毛卷翘度。

尖头棉棒

尖尖的前端可以清洁到细小部位，将涂到眼睑及周围的多余膏体擦除。

金属齿梳睫毛梳

清洁睫毛结块，一次性整理出通顺且根根分明的睫毛。

Part 4　彩妆　04

假睫毛胶

大多数是涂上时是白色，待干燥后变透明的粘胶类产品。

电动卷睫毛器

它是利用线圈加热原理，暂时塑造出卷翘度理想的睫毛造型产品。电卷后的睫毛卷翘效果和持久度比一般睫毛夹都好一些。

假睫毛

紧贴于原生睫毛黏贴，弥补原生睫毛在长度、密度方面的不足，还可以起到修饰眼形的作用，增强眼神魅力。

镊子

窄小的前端可以稳固夹住假睫毛根部使其有力、准确地黏贴在最靠近原生睫毛的眼睑边缘上。

请大家见证
我一步步的变化吧！

素颜

腮红妆容待揭晓　　　　唇妆待揭晓　　　　完妆造型待揭晓

基础技巧详细步骤

[纤长又根根挺立的睫毛使侧脸看起来也很漂亮！]

1. Step 横向夹睫毛

2. Step 纵向夹睫毛

睫毛根部是最难处理的地方，需要用睫毛夹抵住睫毛根部向上多夹两次，然后移动睫毛夹至内、外眼角，反复进行"夹、伸"动作，将容易忽略的细小睫毛全部夹翘。

此时，睫毛从根部直立翘起并没有自然卷翘，还需要按照根部、中间、前端的顺序使用睫毛夹将睫毛分段卷曲，夹子力度从根部到尖端依次减轻。

Beauty Tips
涂刷前需要注意的

时间充裕的话，最好在涂黑色睫毛膏前先涂一遍透明色的基础睫毛膏，从睫毛根部朝着睫毛尖部一次覆盖涂完，起到保护睫毛，持久妆效的作用。

04 Part 4 彩妆

Step 3. 涂刷睫毛根

涂抹睫毛膏时,斜向上握住刷柄以刷子前端轻轻抵住睫毛根部涂刷睫毛膏,眼头、眼尾的睫毛根部全部都要涂刷到。

Step 4. 拉长睫毛

之后将刷柄横过来使用带有各种纤维的毛刷部分沿着睫毛中央、眼睛尾部、眼睛前部的顺序涂抹。

Step 5. 梳理睫毛

在睫毛膏未干透时用睫毛梳迅速梳理睫毛去除结块,再用螺旋状睫毛刷整理睫毛。

Step 6. 涂下睫毛

在整个下眼睫毛上涂完基础睫毛膏后,由根部至睫毛尖部的方向纵向用睫毛刷涂睫毛膏,然后用手指轻轻拉伸下眼睑,用螺旋刷梳理每根睫毛,睫毛刷刷过睫毛内侧后马上就会产生立体感。

Beauty Tips
避免睫毛妆容结块的小技巧

根据自身睫毛状况挑选一支有针对性的改善型睫毛膏。抽取时梳头轻触管口,清除前端多余膏体,使睫毛液用量均匀。睫毛膏如果有涂抹过多的地方,需要用螺旋状睫毛刷梳理,使睫毛一根根挺立。

Finish

Part 4 彩妆 04

基础技巧详细步骤

[毫无违和感的假睫毛佩戴技巧]

1. Step 弯曲假睫毛

选择一对根部柔软的假睫毛。用手指握住假睫毛的两端，将其对弯成U字曲线。

2. Step 剪成三段备用

用剪刀三等分剪裁睫毛，更容易配合眼部曲线，也可以根据自己的眼形变换黏贴位置。

3. Step 涂抹专用胶水

抓住假睫毛的前端，从中间向两端将胶水轻薄地涂抹在假睫毛后部，不要形成结块。

4. Step 仔细黏贴

沿着睫毛根部一段段粘贴假睫毛，佩戴好后看着镜子，闭上一只眼睛，用发夹圆头部分轻轻地按压涂抹胶水的线条。

5. Step 整理

睁开双眼后，用中指从睫毛根部内侧轻轻向上推，测试胶水牢固度同时调整假睫毛上翘度。

Finish

04 Part 4 彩妆

Face
脸颊妆容

腮红与眼妆、唇妆在化妆中所占的重要性相同，呈现健康光泽的完美双颊，全面提升干练气质又不失年轻活力，让你的脸部轮廓更加立体，最后修饰整个妆容，令妆容整体呈现出神奇的变化，有些女孩把它的地位看得比眼妆还要重要，这就是腮红的效果。怎样确认腮红的颜色、最开始刷的位置刷在哪里，不同脸型应该刷什么形状的腮红……关于腮红的烦恼也是一箩筐！能够左右一个人印象的腮红的确是个大问题。现在就将适合职场的详尽美颊方法介绍给大家，遵循腮红的基本法则同时按照一定技巧使用腮红刷，就不难涂刷出理想的腮红。

上妆原则

基本原则第一条是根据自身肤色选对腮红主色，也就是从脸部正面可以直观看到的颜色，偏冷色调的肤色与泛蓝色调的粉色最相衬；暖色调肤色适宜使用接近橙色系的新鲜杏色，更贴合肌肤且不会有浮出表面的感觉，健康元气一百分。如果这两种颜色还是会让脸色显得黯沉，那就选择珊瑚色系腮红吧，带着些许黄色感觉的珊瑚粉色是不挑肤色的百搭款，尤其是带有细致光泽感的，是任何肤色都适合的选择。再来说一说眼下W区的高光色和阴影色，选择高光色时要与主色腮红相呼应，含珠光的浅米粉色系无疑是最佳选择，提升肌肤透明感，给人带来自然柔和的印象；阴影色，常见棕色系与浅驼色系，混合搭配的粉盘很多可根据修饰目的自由操控光泽和色彩。腮红上妆第二个原则是根据面部骨骼来涂刷腮红。颌部咬合处是涂抹所有腮红的起点，可以用手指准确找到颧骨凹陷处定下起始位置。第三个原则是按照轮廓色、主色、高光色、阴影色由暗到亮、由外侧至脸颊内侧的顺序涂刷，达到收缩面部轮廓、令妆容立体呈现健康自然感的效果。

04 Part 4 彩妆

基本使用工具

粉质腮红

粉质腮红含有细腻的色彩粉末，质地顺滑便于涂刷均匀，妆效雅致柔和，与粉饼、蜜粉类的定妆产品可以更好地融合。

膏状腮红

膏状腮红组合成分中有一定的含水量，因此涂抹效果更具通透的光泽感，可与同质的膏状或液体粉底相融合，常用在定妆前。

腮红刷

腮红刷不能用平头的，而是应该选择不会过分蘸取腮红的圆形刷头。刷毛柔软、紧实、饱满，毛量丰富，能够很均匀地抓取腮红粉。

高光化妆刷

用于高光的腮红刷要选择尖端较细呈三角形的能够有效刷到位的类型，刷毛质感要同样柔软蓬松，在接触肌肤的一瞬间令人觉得心旷神怡。

请大家见证
我一步步的变化吧！

Part 4
彩妆

素颜

唇妆待揭晓

完妆造型待揭晓

04 Part 4 彩妆

基础技巧详细步骤
[充分展现轻熟女魅力的自然妆容]

1. Step 找准起点

用食指准备找到涂腮红的起点。右颊用左手，左颊用右手，先将食指伸直指向耳朵上部，然后下移，当移动到感觉凹陷的地方时，就是涂腮红的起始位置了。

2. Step 涂轮廓色

用腮红刷蘸取略深的轮廓色，从起始点向内分别至颧骨最高处、外眼角方向、内眼角方向、鼻子方向将腮红呈放射状涂抹。

3. Step 涂刷主色

用腮红刷的另外一侧蘸取强调健康血色的主色腮红。以瞳孔正下方与鼻翼横向延长线的交叉点作为起点向外侧起笔斜向上晕染。内侧颜色偏浓，越到外侧颜色越变淡，颜色带呈椭圆形。

4. Step 涂高光色

眼睛下方的三角区涂高光能进一步强调脸部立体感。用高光刷蘸取米粉色系带光泽的腮红，以内眼角为起点向眼尾方向呈放射状涂抹，下方要晕染到与主色腮红区重合的位置。

Part 4 彩妆 04

Finish

04 Part 4 彩妆

可以修正不同脸型的腮红涂刷方法

Point 1
有点孩子气的圆脸型，轻熟女腮红这样涂

T区和脸颊纵向加入高光，强调脸部纵向线条。圆形脸的人适合用金属光泽的轮廓色、高光色加强脸部立体感，主色腮红淡淡地涂刷出来才是正确的方法。

Point 2
轮廓过于僵硬的方脸型，轻熟女腮红这样涂

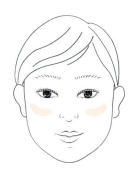

在轮廓色的中心重复涂抹阴影色，然后按照下颌骨骼线上、骨骼线内侧、骨骼线外侧的顺序涂刷。最后涂刷两遍高光色，强调与腮红主色、轮廓色之间的反差。

Point 3
瘦长寡淡印象的长脸型，轻熟女腮红这样涂

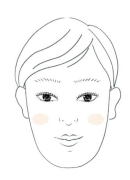

在额头上方加入阴影色，适当减淡轮廓色，选择较深的主色横向涂抹腮红，高光色也是横向涂抹，以此消除五官之间过度分离的感觉。

Lip

唇部妆容

　　终于来到彩妆的最后一步了。唇部是体现女性优雅气质的重要部位，同样有很多元素和步骤来体现其美感，涂口红是最为方便、快捷的画唇妆的方式，即使整体上妆不那么完整，仅仅涂抹一下口红，也是非常提神的，使人看上去生气勃勃，即时改变一个人原有的形象和风格。如果想彰显女性性感魅力，那么明艳、光彩夺目的唇妆无可厚非，但在职场环境及一般日常场合，谨记和谐的美感原则。淡雅的唇妆才可以为含蓄的东方女性装点出一种自然温婉的美态，在不抹杀原本血色的基础上，稍作润色调整与亮泽感的修饰，即令双唇与其他部位妆容浑然一体，所以稍稍内敛一些才好看！试想一下，一身简洁的装扮、搭配清新、自然、健康的妆容，加上亲切的微笑，一定是完美的职业女性形象。

04 Part 4 彩妆

上妆原则

就像在眼睛上勾画眼线,在肌肤上打粉底一样,唇部也需要做准备工作。如果双唇干燥先做简易蒸汽唇膜护理,用蒸热的毛巾或是将浸有温水的棉片放到唇上,软化唇部干燥、变硬的表皮;用指尖蘸少许温和质地的洁面乳摩擦气泡后涂在双唇上温和去除角质,待清水清洁并用纸巾轻拭后涂抹一层厚厚的润唇膏;取一纸杯倒入开水,将嘴唇放在纸杯边沿,利用呼出空气时形成的上升气流做蒸汽唇膜,3分钟左右轻轻擦掉唇膏,嘴唇表面变得光滑就可以涂抹唇部彩妆了。

选择唇膏的颜色应与嘴唇本身的颜色接近。温润的珊瑚粉色系、偏深偏红一点的暖驼色都是不错的选择,最能搭配东方女性的皮肤,既显得自然又充满成熟女人味,但是颜色过深或过浅则会给人不健康的感觉。让唇妆看起来具有知性风韵与整体妆容协调的话就用唇线明确唇型、唇膏涂抹整个唇部加正中涂抹高光唇彩的"重叠法"。

涂抹时注意保证唇线轮廓清晰,下唇略厚于上唇,嘴唇大小与脸型相宜,嘴角微翘,唇峰比较清晰,整个嘴唇富有立体感。

Part 4 彩妆

基本使用工具

唇刷

无论是唇膏还是唇蜜,要色泽均匀地附着于唇上,最好要用唇刷上色。可以更为精确勾勒唇型,使双唇色彩饱满均匀。唇刷选择毛质兼硬、毛量适中为好。毛质太软的唇刷涂唇膏时难以掌握轻重。

唇线笔

描画出精致的唇角边缘线,改善唇型细节,是令唇型清晰、立体的重要工具,选择关键是笔芯偏硬、着色力强并与唇色最为接近的颜色。

亮泽质感唇膏

选择质地轻盈而具有透明感的产品为佳,否则便会产生油腻厚重的感觉。

唇彩或唇蜜

流行性强,提供给妆容更多样的变化和选择,为面庞增添光彩,使双唇看上去丰满光润。唇蜜的最佳用法是在口红的基础上提亮、调色。

请大家见证我一步步的变化吧！

素颜

Part 4 彩妆 04

基础技巧详细步骤
[3D 优雅美唇]

1. Step
用与自身唇色接近的唇线笔，沿着上下唇部轮廓勾画唇线。

2. Step
上唇唇线需要将自然唇部边缘外扩一些来勾画，均衡上下唇比例。

3. Step
用手指轻轻将上下唇线颜色晕染开，让唇部边缘看起来自然柔和。

4. Step
用有光泽感的颜色比之前浅一些的唇线笔在上下唇轮廓线的中部重复勾画，加强唇部立体感。

5. Step
用唇刷蘸取唇膏之后，分别从上下唇的左右嘴角处向唇部中央涂抹，涂抹到中央之后再向外晕开。

6. Step
用唇线笔在上下唇的四角涂以暗影，在提升嘴角的同时也能起到收小嘴唇的效果。

7. Step
选择比刚刚的唇膏色浅一些的唇彩重叠涂抹在上下唇部最高点，增加唇部光泽感。

Finish

04 Part 4 彩妆

Quick Tips
10分钟快速打造面试造型

　　每个上妆步骤都要仔细完成,可以将各部位都打造得很精致,边化妆边研究技巧有助于更加了解自己的五官特点,逐渐掌握自己最成功的技巧,这样认真的过程占用了大量时间,应该放在平日的闲暇时刻练习。如果当天有重要的面试安排却睡过了头,就要应用到快速面试造型的打造技巧啦,10分钟完成利落的妆面和发型!

　　打造快速面试妆关键在于把握轻重缓急的节奏,将大面积的涂抹与精致细腻的描绘相结合,像古典音乐一样,一定要张弛有度。比如,在皮肤上做好打底以后,用手掌将粉底迅速拍在脸部,然后用遮瑕品针对细小色斑、黯沉、痘印进行修饰。如果短时间内就能完成一个漂亮的面试妆,一定能平复面试前的紧张心情,以轻松愉快的最佳状态开始崭新的一天。

Part 4 彩妆

上妆原则

快速上妆过程中,平日动作再娴熟,也可能在紧张气氛下引发一些小插曲,比如"眼线描粗了""腮红涂得过于浓重"等突发状况,都是慌乱情绪惹的小小麻烦。所以,在快速造型前,做好"失手"的心理准备,保持一份宽容的心境去上妆,不挑战有难度的涂抹技巧。在颜色选择方面要避重就轻,即使有些不那么完美的地方,也不要太介意,接受自己的不足之处,然后淡定继续下一步,直至妆容完成,尽量保持着享受过程的状态。

Point 1 要做到张弛有度,将大幅度涂抹与精细修饰相结合。

Point 2 将多款产品混合在一起使用,一步完成多种繁复步骤。

Point 3 巧妙运用手掌与手指上妆。

Part 4 彩妆 04

基础技巧详细步骤
[快速妆容]

1. Step 调理肌肤

擦拭型化妆水使洁面保湿同步完成。在棉片上倒上化妆水，由内向外涂抹，沿着脸部线条向上提升擦拭。

2. Step 混合面霜与粉底

将乳液与粉底液混合，既保湿又能打底。在粉底液中加入乳液并用手指混合揉开，比例是1:1，迅速调整肌肤的整体状态。

3. Step 用手掌涂粉底

用整个手掌将调和好的粉底迅速涂抹在脸上。手指上残留的粉底液修饰眼周等细部，然后用手掌按压全脸，体温会令粉底与肌肤更加贴合。

4. Step 提亮黯沉部位

将遮瑕膏点涂在眼角内侧、眼角斜下方三角区、鼻翼两侧、嘴角等细微部位，然后用中指或无名指指腹轻柔涂抹均匀，与周围粉底自然融为一体。

5. Step 遮瑕

遇到明显的黯沉与痘印，需要用膏体质感厚重一些的遮瑕膏遮盖，然后再用化妆刷将膏体涂抹均匀。

6. Step 涂膏状腮红

用手指蘸取自然的珊瑚色系腮红，沿着颧骨，以斜条状仔细点涂在脸颊上，然后向颧骨的四周开始迅速拍开，最后再用手指将外侧部位自然涂抹开。

04 Part 4 彩妆

7. Step 蘸取散粉

选择大号散粉刷,均匀蘸取散粉。将一次用量的散粉倾倒在盒盖上,用粉刷蘸取散粉在盖子内侧打圈,这样会令散粉充分全面地渗入刷毛中。

8. Step 均匀涂刷

将散粉轻涂于面部。用粉刷将散粉扑在脸上,并在之前遮瑕的部位重复轻扫,为细部妆容保持更好持久度而做充分准备。

Finish

Part 4 彩妆 04

9. Step 描画眼线

选择棕色眼线笔,从眼头至眼尾紧贴睫毛根部描画一条眼线,再轻轻晕染开。

10. Step 涂抹眼影

用手指蘸取金棕色系眼影,从下向上覆盖涂抹上眼睑,下部与眼线自然融合。

11. Step 夹卷睫毛

手持整体睫毛夹分三段将睫毛夹出自然弧度,眼头、眼尾不易造型处需要用局部睫毛夹重复夹卷细微睫毛。

12. Step 涂睫毛膏

将睫毛膏刷头深入睫毛根部,以"Z"字形左右小幅移动,将刷头上的膏体均匀涂至睫毛尖端。

13. Step 涂下眼影

用手指蘸取与上眼影一样的颜色,涂抹在下眼睑眼尾1/3的地方并均匀晕染开。

14. Step 描画眉毛

用眉刷蘸取棕色眉粉,按照眉毛的自然走向均匀填补眉毛间隙,眉峰至眉尾用深棕色眉粉描画。

15. Step 涂抹唇膏

从唇角到唇部内侧,直接在双唇上涂抹色彩淡雅、质地轻薄的唇膏,不太均匀也没关系。

16. Step 点拍唇妆

用中指或无名指指腹轻轻拍打唇部边缘,使唇膏更为服帖,营造出自然的晕染状态。

17. Step 涂刷腮红

用大号腮红刷同时蘸取粉色腮红及高光色,沿着颧骨最高处微微斜向上涂刷腮红。

04 Part 4 彩妆

[快速发型]

1. Step 编麻花辫

将头发分成三等分,编成一个松散的三股麻花辫,用发圈固定。

2. Step 弯卷发髻

将麻花辫向上一点点弯卷起来,直到在头后形成一个发髻。

3. Step 固定发髻

用若干黑色发夹卡在刚刚盘好的发髻周围,固定发髻。

4. Step 刘海造型

内扣梳理刘海并用吹风机来吹整出微卷的弧度,最后用少量发型喷雾定型。

Side

Back

Finish

Part 5
Nails Beauty

美　　　甲

学会掌握面部妆容的精致法则之后就要关注"第二张脸"——手部的修饰了。双手不仅是我们身体形象的一部分，也是从事工作最多、活动最频繁的一部分，同时也是与人交往最为醒目和受到关注的肢体部位。手指具有表现力，得体的手势，是语言的有力补充。试想一下，当你递交简历时，伸出一双皮肤干燥、不整洁的双手，会带给面试官怎样的感受呢？递上再漂亮的履历可能也会在他心中大打折扣吧。而当一双干净的双手同样在做这个动作的瞬间，面试官已在心里给你这份细致、完整的形象加了分，他从小小的动作就可以判断出面前的这位求职者是一位对待细节认真的人。即便是当你静止不动的时候，手的形态也会给他人较强的视觉感应，也许白净清新的脸庞被粗糙的双手减分了，也许平常的相貌因为文雅的双手增添了几分气质。手对于女性的作用，同容貌一样重要。所以，对手的基础护养和修饰不能忽略。

05 Part 5 美甲

Tools
基本使用工具

指甲刀

用于修剪自然甲的基础形状。带有弧线形的刀头力度缓和。不容易在修剪的过程中使干燥脆弱的指甲突然断裂。

指皮钳

尖端锋利,用于剪去附着在指甲底部边缘的指皮。

刷子

一般多是塑料的毛刷,用于随时清洁指甲修剪时产生的粉尘。

打磨砂条

颗粒较细,用于指甲前缘及表面的打磨,使指甲更加光滑平整。

Part 5 美甲 05

抛光块/条

用于指甲表面的抛光。

指皮推

用于推起指甲周围的死皮,使指皮修剪变得更为便利。

洗甲水

用于去除残留在指甲表面的指甲油及各种美甲产品。

营养油

软化、滋养指甲及周围的皮肤。

软化剂

涂抹于指甲底部的指皮上,用于软化老化指皮。

按摩油

为手部肌肤提供滋养及保湿效果。通常含有甘油基质,能够使皮肤保持水分。

05 Part 5 美甲

How To Do
基础技巧详细步骤

1. Step 准备工作

准备好手部指甲修整工具。如果有残留的指甲油，用一块棉片浸透洗甲水清除指甲油。将棉片轻轻按压在指甲表面，停留5秒钟，接下来先左右来回擦拭3次，再从指甲后部向前擦拭3次。

2. Step 清洁边缘

每个手指甲表面都依此步骤逐一清洁。如果甲沟内还有残留的指甲油，可以用浸透洗甲水的棉签来彻底清洁甲沟。

3. Step 打磨指甲外形

彻底清洁干净后，正式进入基础手部护理程序。右手持打磨砂条，从左手小指开始，将指甲打磨成自然的椭圆形或方圆形，打磨面与指甲呈45度角，沿指甲前缘两边向中间各打磨3次左右。

4. Step 清理

切勿来回打磨，以免造成指甲断裂。按照这样的程序将双手十指指甲依次打磨出整齐划一的形状。打磨后用小刷子将指甲屑轻轻刷去。

5. Step 软化指皮

随后将双手同时浸泡在温水中，约3分钟浸泡结束，用毛巾将双手擦干。取适量指皮软化剂均匀涂抹在十指表皮护膜处。

Beauty Tips

需要注意的是，这一步骤非常关键，因为接下来的打磨步骤不能在未浸泡和软化的干燥指甲上进行，否则容易造成指甲凹凸不平甚至剥落。

Part 5 美甲 05

6. Step 去除角质

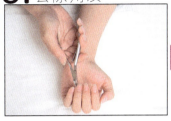

用指皮钳沿着手指底部边缘，将刚刚疏松堆起的指皮护膜一一剪去。进行时动作要轻缓，必须剪断指皮后再提起指皮钳，以免拉伤皮肤。

7. Step 指芯清洁

指甲表面的清洁工作过后是指芯清洁。用尖头清洁工具蘸清水或专用清洁产品，逐个清洁十指指甲前缘下端。

8. Step 打磨指甲表面

使用硬质抛光块/条从指甲后缘向前缘略微倾斜打磨指甲表面，然后使用较软的抛光块/条将指甲表面打磨更加平整；最后使用高亮度抛光块/条将十指指甲表面轻轻打磨光亮有质感。

9. Step 涂营养油

光亮的指甲与细嫩光滑手部肌肤要相得益彰才行。抛光过后，将营养油涂抹在指甲的后缘、然后对十指指甲进行按摩，充分滋润指甲。

10. Step 涂护手霜

紧接着涂上护手霜，令指甲护理效果更持久并能滋养整个手部肌肤。至此手部指甲护理全部完成。

Beauty Tips

如果要对指甲颜色修饰，选择庄重的、具有整洁感的透明色、白色以及裸粉色系比较适合面试场合。涂抹时，先均匀地涂一层底油，以便指甲油更好地附着在指甲上。待底油半干时，距指皮约0.8mm处开始涂抹指甲油，从指甲后缘直至指尖按照先中间后两边的顺序分三笔涂刷，每一笔都要长而均匀。如果不小心把指甲油涂到表皮保护膜上，待指甲油比较干燥时，用棉签蘸少许洗甲水快速清除即可。

05 Part 5
美甲

Finish

Part 6
Breath Odor

气　　　味

真正完整、利落的职业形象还包括自身的气味管理。只是在服饰搭配以及妆容方面下功夫的面试者，距离完美职业形象还差最后一小步哟，那就是要营造出自己的幸运"气场"！ 清爽气味令幸运气场全开。这里所谓的"气场"是指身体散发出的气味带给人的感受。特别是口气是很难自己觉察但却能被周遭人迅速感受到的，所以对于与重要人物第一次接触时，检视自身的气息，保持气味的清爽度是不容忽视的问题。

06　Part 6
气味

Self-Test
检测口气
....

你的口气是否有问题呢？

面对面的谈吐间，散发出清新的口气，也是人与人交往中最基础的礼仪。尤其是面试环节，面试官除了在乎面试者学历、工作经验之外，也很看中个人的语言表达能力，伴随着清新口气的交流无疑会令面试气氛更愉悦，即使面试者有些表达不畅的地方，面试官也会乐于耐心倾听。

[使用最简单的杯子来检测口气]

1. Step 吐气

取一只空杯子，在没有刷牙的时候对着空杯子吐一口气。

2. Step 遮盖

用手盖住杯子口，然后呼吸一口新鲜空气。

3. Step 检验

将鼻子接近杯子尝试着闻一下，如果感觉有味道就立即刷牙或使用其他口气清新用品。

了解内因，才能做到正确防范

　　单纯从口腔内部来分析的话，口臭问题就是口腔内经常存在有两三百种细菌，依靠食物残渣的糖分繁殖后产生的硫化氢、甲硫醇、二甲硫醚等硫化物产生的。这一问题背后有很多诱因，我们需要全面了解，从根源防范、杜绝尴尬的口气问题。

Part 6 气味

Cause 1 味道刺激的食物

韭菜、洋葱、生葱、大蒜等刺激性气味很强的食物会将气味分子带进血液然后从口中排出,用刷牙的办法都难消除这种令人排斥的气味。

Cause 2 食物残渣

口腔中残留的食物残渣会繁殖细菌而产生味道,会成为蛀牙、牙周炎恶化的原因。

Cause 3 身体疾病

肠胃消化不畅,吃进胃中的食物会异常发酵而产生味道。另外肝脏解毒功能下降也会引发口臭。

Cause 4 吸烟

吸烟会使血液流通不畅,免疫力下降,而且容易导致牙周炎,所以也是口臭诱因。

Cause 5 蛀牙、牙周炎

牙周病菌发出的气体产生的味道会引起口臭，残留在蛀牙牙洞里的食物残渣腐烂后也会产生口臭。

Cause 6 舌苔

舌头表面的污垢，由于没有及时清除，也会散发出很大的口气。

Cause 7 唾液不足

睡醒时因为空腹或是一些紧张情绪引起的生理性口臭都与唾液分泌不足、口干有很大关系。

[一天内的尴尬口气周期]

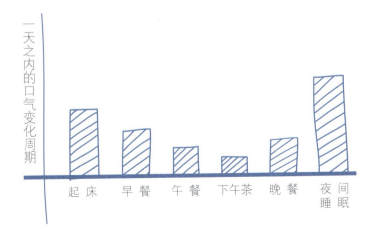

Part 6 气味

Oral Care
制造清新口气，日常正确护理方法很重要

Point 1　彻底清洁法

清新口气，最基本方法是饭后的整体护理。护理过程中，掌握正确技巧才能充分清洁口腔内环境，不给细菌繁殖的机会。

♥ 饭后半小时后一定要刷牙。

♥ 牙刷要紧贴牙齿和牙龈间刷动。外面的牙齿要将牙刷横过来轻柔地成螺旋形来回运动。

♥ 前面牙齿的背面，用刷头紧贴牙齿背面左右刷。上、下两排牙齿内侧都是这样刷。

♥ 前面牙齿的侧面将牙刷竖向紧贴上下刷，里面牙齿的侧面使用刷头刷毛上下刷。

♥ 使用刷毛柔软的部分或是专业舌苔刷，轻轻刷舌头表面，方向是从里向外刷。

♥ 使用小牙刷、牙线、漱口水等彻底清洁牙刷刷不到的地方。

Part 6　气味　06

Point 2　刺激唾液腺分泌

防止口腔细菌繁殖不仅是频繁刷牙就可以了，在彻底清洁口腔的同时，还要有效活用唾液在口腔内部自我清洁的作用，辅助按摩促进唾液分泌的方法很有效，这一方法也很适用于没有条件在饭后及时刷牙的情况。

♥ 紧闭双唇，在嘴中转动舌头。左右各进行3次。用鼻子呼吸滋养口腔内部。

♥ 按摩下颌周围的唾液分泌腺，刺激唾液分泌。

Point 3　吐气如兰，巧用清新口气护理品

茶叶包

把茶叶包撕开，将干茶叶倒出来放进口中充分咀嚼，可以清新口气。

口香糖

咀嚼无糖口香糖能刺激唾液分泌，对食物残渣有明显清除作用，有益口腔健康。

Part 7
Smile

笑　　　容

　　为什要展现笑容呢？是为了让对方也以笑容相待。互联网时代，我们习惯通过网络社交平台与未曾谋面的陌生人沟通，于是，Emoji 的笑脸表情图、以及由各种标点组成的抽像笑脸符号，轻而易举就赢得了全世界人民的认可，这就是笑容的魅力，隐藏着无限的可能性，没有比笑容更加完美的沟通工具了，它让你的一切都变得轻松、宽广。

　　职场上，笑容更是召唤幸运的秘诀。新人要在考官面前展示出充满自信的微笑，表明自己的能力和充分的信心以及对新工作浓厚的兴趣，亲和、愉悦的笑容会给主试官留下富有活力的最佳印象；入职以后，以真诚友善的笑容感染周围的新同事，不知不觉缩短心理距离，消除陌生感，会被大家真正地接受；即使在工作压力非常大的情况下，也要保持微笑的姿态，为自己加油打气，制造积极的心理暗示，保持良好的心境；面对合作中的服务对象更要笑脸相迎，让对方倍感温暖和亲切。

07   Part 7
笑容

　　"笑容"是一种力量,是召唤幸运的秘诀,展现自我的笑容能使沟通变得更为顺畅,嘴角、眼睛和眉毛缺少变化的人很难有美丽的笑脸,这就需要进行训练,掌握微笑时脸部运动的方法,尤其是练习嘴角上扬的动作。有意识地学习脸部的运动方式,能够让你在笑的时候更加放松、自然,现在就以笑容作为关键词,展开对笑容的深度探索吧!

Daily Practice

展现魅力发掘潜力，微笑眼睛练习课

1. Step 抬高眉毛

看着镜子，双手将筷子平置于眉下，保持这个姿势，眉毛上下运动30秒。要点是眉毛运动的幅度要大，最好额头出现横纹。

2. Step 眼大眼睛

眉毛向上运动时眼睛同时睁大，这样做还能够令大脑产生放松的脑电波，让人感到愉悦。

3. Step 再次睁大眼睛

放下筷子，最后再一次睁大双眼。这就完成了一组动作，像这样每30秒分别再向上、左、右三个方向做同样的运动。

4. Step 紧闭双眼

保持眉毛上扬姿势的同时闭上双眼。眼球向下方转动5次。闭上眼睛活动眼球能够促进血液循环，使负责兴奋感荷尔蒙的β内啡肽分泌活跃。

07 Part 7 笑容

How To Do

令嘴角上扬的"筷子训练法"

1. Step 观察自己

站在镜子面前,观察自己的嘴部形状,看看自己平时不笑的时候,嘴角是向上微翘还是嘴角下垂,并观察这时候的表情是否好看。

2. Step 咬住筷子

用上下两颗门牙轻轻咬住筷子,看看自己的嘴角是否已经高于筷子了。如果嘴角还是低于筷子,就不容易出现笑容,笑的时候要注意露出牙齿。

3. Step 上扬嘴角

继续咬住筷子,嘴角最大限度地上扬,也可以用双手手指按住嘴角向上推,在上扬到最大限度的位置保持30秒。

4. Step 定格笑容

拿下筷子,这时就是你微笑的基本脸型。看到上排10颗牙齿就合格了。记住这时候嘴角的形状,平时就要努力笑成这个样子。

5. Step 配合发音

再次轻轻地咬住筷子,发出"yi"的声音的同时,嘴角向上向下反复运动,持续30秒。

6. Step 反复练习

拿掉筷子,用双手托住两颊从下向上推,同时要发出声音反复地数"1、2、3、4",持续30秒。

Part 8
Q&A
美容"小白"们的福音

呈现青春活力的健康肤质是美丽妆容的基础。二十几岁的年轻肌肤各项功能都很正常,新陈代谢旺盛,坚持每日正确的护理,注意清洁和水油平衡,就可以维护好健康的肌肤状态。肌肤护理是我们日常生活中必不可少的环节,与护肤流程相关的常识就不赘述了,汇总了一些大家在护理过程中常见的小问题在此解答。

Question 1

卸妆产品有精油、乳霜等质地,种类繁多,如何选择最适合自己的卸妆产品呢?

[A] 应该根据平日妆容的浓淡、肌肤状况等选择最适合自己的卸妆产品,建议先从眼唇等重点位置开始局部卸妆。经常浓妆或是使用防水睫毛膏的女生是需要用卸妆油进行卸除的。追求卸妆后清爽、干净的感觉就选择啫喱质地的卸妆产品。乳霜质地卸妆品需要通过在面部轻轻揉搓再将化妆品洗净,是对肌肤非常柔和的卸妆产品,敏感易干燥的眼、唇部肌肤和淡妆时都适用。想要快速卸除彩妆可以选择免洗型卸妆湿巾,使用时擦拭动作一定要轻柔避免摩擦过度伤害肌肤。

Question 2

化妆水瓶子上标注了"使用化妆绵",是否可以直接用手拍打涂抹?

[A] 说明书上标注的使用方法是该产品的最佳使用方法,大都是研发者精心测试得出的结果。使用化妆绵时不用担心液体洒得到处都是,又可以滋润肌肤的每一个角落。

Part 8
美容"小白"们的福音

Question 3 使用精华液后肌肤已经很滋润,是否可以省略乳液步骤?

[A] 乳液和精华液的作用是不同的。乳液的作用是调整肌肤柔软度等基础功效。精华液则有保湿、美白、抗衰老等不同功效。护肤时应该根据最想要达到的效果进行产品选择,就算精华液可以让肌肤湿润有弹性也不可以省略乳液这一步,为了保持肌肤的水油平衡,建议两者组合使用。

Question 4 美白、保湿、抗氧化……各种类型的精华液可以混在一起使用吗?

[A] 一般来说只要按照正确的使用顺序、使用方法及用量进行护理,精华液是可以重叠使用的。建议先使用含水量高的、质地稀薄的精华液,再使用浓稠质感的产品,这是精华液的基本使用顺序。

Question 5 眼霜应该是晚上睡觉前涂抹,早上化妆之前是否也需要使用?

[A] 为了一整天拥有明亮迷人的眼眸,一定不能忽略早晚两次眼部护理。晚上使用较为滋润的眼霜进行补水护理,早上化妆前建议使用眼部精华液进行保养。虽然肌肤吸收护肤品的量是有限的,但眼霜的用量一定不能少,适量使用即可达到护理效果,涂抹时不要用力拉伸眼周肌肤,一定要轻柔涂抹。

Question 6 面部按摩是选在早上还是晚上好一些?入浴时也可以吗?

[A] 按摩时间无论早晚都可以。早上按摩可以缓解夜间睡眠造成的面部浮肿,提升面部血液循环令肌肤温度升高,随后的护理产品渗透速度也会加快,化妆前按摩,柔软温暖的肌肤更易上妆同时妆效更为贴合、自然。晚上按摩肌肤可以帮助肌肤缓解一整天的疲劳,使肌肤变得更加柔软有弹性。

Part 8 美容"小白"们的福音

Question 7 在肌肤最放松的沐浴时段,是否可以使用贴片面膜?

[A] 当然可以!沐浴时是血液循环最活跃的时间,在这个时间敷面膜可以得到更好的保湿功效。发挥面贴膜最大效能的小窍门就是将面膜袋泡在浴盆中,温热后再进行敷面。忙碌的日子里,也可以选择在泡澡的同时进行面部护理,合理地利用时间又达到了护肤效果。

Question 8 SPF 值与 PA 值的区别是什么呢?应该优先选择哪个数值?

[A] 日晒变黑的最大伤害是紫外线 UV-B,所以应该选择 SPF 值较高的产品,不过为了保护肌肤深层不受 UV-A 的影响而出现老化状况,就应该选择 PA 值较高的产品。长时间日晒的日子里,应该选择 SPF、PA 值都比较高的产品,可以更加安心。

Question 9 完成全套护肤之后立刻开始化妆,有时肌肤会搓出"泥",怎么办?

[A] 不同的护肤品和化妆品放在一起使用时偶尔会出现这种状况。不要快速将所有护肤品都涂抹在脸上,要注意用量和速度,每一个护理步骤都稍微有些间隔才好,如果觉得护肤品吸收得慢,可以尝试先在手心为护理品加热后再均匀地涂抹在面部。

Question 10 春季脱皮现象严重,粉底液无法均匀涂抹。有没有办法快速调整肌肤干燥状态?

[A] 春季是干燥的季节,空气中缺乏水分导致肌肤水分、油分不断流失。这时候应该在妆前用化妆绵蘸取保湿乳液做面膜。将化妆绵一分为二,一片一片撕开后蘸取足够的保湿乳液贴在面部。仅仅在面部停留 5 分钟就会得到充分调整,达到不可思议的补水效果。

二十出头的年纪，正是对美丽与自我风格不停试炼和寻找的阶段，肌肤状态、身材都是一生中最水润最苗条的时期，任何造型与装扮都可以自由尝试，正式步入职场后，每个工作日应以稳重、清爽为前提的着装、化妆则是所有职场女性应该拥有的素养。但有人睡过头后便素面朝天去上班！现在急需改变这种邋遢的习惯，就以精致快速的型格搭配为指导，开始利落清爽的新一天吧！

CHAPTER 2

赢在职场第二步
快速掌握职业女性着装风格

Part 1
Fashion Style

基本着装原则：
两大型格胜任百变职场

　　提起职业装，大家不约而同的都会认为整齐划一的工装或是整身的制服才算得上，然而随着社会发展、各行业细化分工，职业装这一名词的内涵早已扩展开来，就像千变万化的时尚潮流永远不能被定义一样，都市职业女性装束风格没有一定之规，与其统称为职业装，倒不如叫做具有职业感的日常着装更为贴切。

　　抛开严苛的条框、理论，初涉职业生涯的职场新鲜人更容易理解、接受。需要记住的一个原则就是适合的就是正确的！从大的方面来说，颜色、材质、款式、搭配，看上去是适合自己身材的，符合职业女性潮流的就是适合职场的装束。再细化就要依据自己的职业性质、职位、具体日程来挑选了。比如刚才提到的制服，必然是属于政府机构或是法律、金融、保险等这类传达公平、制度、信任的传统行业的着装风格。

　　除了套装式的制服以外，其他领域的职业感装扮完全可以通过半身的

Part 1　基本着装原则：两大型格胜任百变职场

工装与休闲装搭配或是整身休闲装搭配来展现。例如，如果你从事文化创意领域的设计工作，外出与客户沟通方案，那么一件休闲风格的短袖圆领T恤、一条工装直身及膝裙、一双帆布休闲鞋的搭配也可以让职业女性形象有模有样。职场是实现自我成长的能量场，只要你不断探索、爱学习，在实际中运用和体会着装的技巧，你的职装风格会很快受到周围人的欢迎和赞赏！

01 Part 1
基本着装原则：两大型格胜任百变职场

Casual Style

时尚休闲派

························

　　休闲装，顾名思义是人们在闲暇生活中所穿的服装。这类服装大都材质轻便、色彩明快且柔和、款式宽松，不仅便于从事各种活动时穿着，日常更是便于与其他各类风格、款式的服装搭配，当与衬衫、西裤等制服式样的服装搭配在一起，休闲风格便自成一派。这类风格的着装对于从事艺术、娱乐、时尚、传媒、出版等自由度较高的行业工作者来说非常适合。丰富多变的设计、式样与现代生活方式高度相关，可以时刻表达自由的审美趣味，工作中也不疏忽时尚。不对称的剪裁，或宽大、或修身的简约轮廓，洋溢异域风情的纹样、充满趣味的波普图案都可以成为日常通勤搭配中的时尚休闲元素，但那些脱离职场气质，过于个性夸张、暴露的服饰，比如带有恐怖骷髅图案、透视装、超短裙之类的服饰，出现在职场中就非常不合时宜。因为过于强烈的个性印象，会被认为难以相处、不亲切，影响同事间的沟通。

　　把握适度时尚的原则是对自己与他人的尊重。建立了相互尊重的基础，工作伙伴关系才会和谐，个人的工作能力也会逐渐得到大家关注与支持。

Part 1 **01**

基本着装原则：两大型格胜任百变职场

Matching Clothes

一周装扮变换搭配示例

Mon.
Fashion Point

深蓝色西服领中长款外套，仪式感没那么强但可以轻松应对一些正式场合，内搭对比色的连衣裙，为简洁、利落的都市职业装扮中增添活泼与时髦。

Tue.
Fashion Point

无彩色系的开衫是最适合职业装扮的日常单品，几乎四季皆宜。柔软的质地增添几分成熟的气质，与T恤和休闲裤组合，简单、帅气又轻松，便于忙碌工作节奏下的各种行动。

01 Part 1
基本着装原则：两大型格胜任百变职场

Wea
Fashion Point

有横条纹图案的上衣看起来格外清爽，当单色服装或配件和它搭配在一起，原本平凡的基本款瞬间具有时髦的都市风格，衣着造型的层次感也随之加强。

Thu.
Fashion Point

引导时尚潮流的休闲款圆领卫衣非常受年轻女性们的欢迎，实用度和舒适度兼备，宽松的设计可以巧妙地掩盖身形不完美，下身搭配散摆的及膝裙或铅笔裙，成熟不失可爱度。

Part 1 01

基本着装原则：两大型格胜任百变职场

Fri.

Fashion Point

在时尚休闲派的职场装扮中，梦幻感的纱质长裙也可以出现，只是上身装束就无需那么高调了，合体的基本款即可，将女性的优雅展现得恰到好处。

01 Part 1
基本着装原则：两大型格胜任百变职场

Graceful Style

庄重优雅派

....

职场——全新的人生舞台，你是否认真思考过职业形象会带来怎样的影响力，首先要清楚自己的职业属性是什么？该怎样展现自己的工作能力？就像演员拍戏前要先清楚自己的角色是什么、该穿什么戏服去表演是一样的道理。在对自己的衣着风格没有足够的把握时，庄重优雅派的着装造型是你最好的选择，优雅风格是职场永恒的通行证，它不仅是停留于外在的好感，更是职场中不可缺少的内在品格。

如果你从事与人沟通、比如管理、教育、贸易等这类传达知性与亲和力的工作，选择端庄、优雅的着装风格会对你当下的工作大有裨益。穿着那些具有优美、流畅的轮廓感，质地挺括，色彩干净、素雅的女装，很自然的就会带给人自信、稳重、值得信赖的好感印象，优雅风格的服饰起到的外力影响不容忽视。

再加上自身内在的修养，坚定对工作的责任感、言辞柔善、乐于奉献，优雅便不再是一个空泛的名词，而是一个生动、饱满的职业女性形象，处处释放美好、温暖的力量。此刻请你联想一个与优雅有关的表情，会是什么呢？让微笑随行吧，有一天你会认同优雅是对女性魅力的最高褒奖，是女性美的终极目标。

Part 1　01

基本着装原则：两大型格胜任百变职场

Matching Clothes

一周装扮变换搭配示例

Mon.
Fashion Point

经典款的中性色风衣是职场造型的标配单品。端庄笔挺的款型令通勤造型更有职业格调。适合外勤时穿着，御风保暖不臃肿，与各种基本款服装、配件都能随意组合。

Tue.
Fashion Point

直线型修身设计的连衣裙最能彰显职场女性的高雅气质，千鸟格也是具有很好修身效果的服装图案之一，多重人气元素组合在一件裙装上，只需外搭一件深色短款小西装，一身高品位的职场造型就轻松完成了。

01 Part 1
基本着装原则：两大型格胜任百变职场

Wed.
Fashion Point

简约中加入精巧细节设计的圆领针织衫宽松随身，素雅的亚麻色与卡其色裤装高度协调，粗针织上衣呈现的适度休闲感与直线型裤装的严肃感完美平衡。

Thu.
Fashion Point

凸显高贵气质的黑色套装，点睛之处在于上衣的腰身，融入了荷叶边的设计打破了大面积黑色着装带来的沉闷。颈间佩戴一条闪亮项链，呼应这身有仪式感的着装，为造型装点出华丽格调。

Part 1 01
基本着装原则：两大型格胜任百变职场

𝓕𝓻𝒾.
Fashion Point

淡雅微甜的配色、柔美大气的印花图案让习惯了中性风格造型的人眼前一亮，外套和裙装那优美的轮廓散发出端庄的美感，让人跃跃欲试。

Part 2
Fashion Style

适合职场装扮的基本款

参加面试、平日上班穿什么,一想到这个问题就毫无头绪?大概是因为脑海中已经被自己的个人喜好填满了的缘故。觉得"这件颜色很漂亮"、"那件款式也流行啊"之类的想法都是情绪化的表现。在冲动地买、买、买之后,衣橱中填满的恐怕尽是盲目和凌乱吧,你需要的那一身完美搭配就这样被层层花样给掩埋住了,现在要做的是清理思路,为衣橱和日常搭配做出基本规划,那些适合自己并且是现在真正需要的款式才能被迅速地找出来。

Part 2
适合职场装扮的基本款 02

对于职场新人来说，通常只需 3~4 件基本款组合来塑造职业形象，不论是混纺还是毛料、丝绸等材质，包含简单的上装衬衫、外套、下装（裙装或裤装），再算上应对寒冷气候时必要的羽绒服或棉服总共这四五种单品，就可以从面试、正式的商务办公，到休闲场合等各样的环境中穿着得体、通行无阻了。将基本款整理出来之后，再按照书中最开始讲过的中性色法则完成搭配。通过一次次基本款实际历练，将逐渐培养出自己根据任何时间、地点、场合需求成功塑造职业形象的能力。

02 Part 2 适合职场装扮的基本款

Down Jacket

羽绒服

······························

羽绒服重量轻、质地软、保暖好,是北方冬季御寒的必备单品。随着潮流趋势不断更新,羽绒服的外形设计愈发时髦,一些高科技御寒面料的开发与应用也让它的体积变小了一点点,款式设计随之鲜明起来,很大程度地满足了追求利落形象的职场女性们冬季衣着搭配愿望,无论想要穿出休闲风格、还是优雅品位,羽绒服类丰富的单品款式将给 OL 们日常装扮带来更多更实用的发挥空间。

Part 2 02
适合职场装扮的基本款

倍受职场欢迎的休闲风格基础款

颜色干净、设计简洁，适合与各种风格的衣服搭配。

深色、菱形压线的款式具有明显修身效果，穿上它令着装更富层次感。

浅灰色降低了羽绒材质的臃肿感，方格压线带有中性印象，适合高挑瘦削身材。

倍受职场欢迎的优雅风格基础款

下半部分变成毛呢面料拼接，裙形轮廓完美契合冬日的优雅风格。

华丽浅金色辅以圆润轮廓，散发高级雅致的女人味。

偏深的有光泽感的面料能将肤色衬托得靓丽，轻易提升时尚度。

02 Part 2 适合职场装扮的基本款

Outercoat

外套

外套在这里指的是应季穿在最外层的服装款式,包括短外套和长大衣。我们在日常穿着中常见的外套基础式样有西装、棒球服、帽衫、牛仔服、夹克、风衣、毛呢大衣等,不同款式在长度、宽度、外形轮廓、剪裁方式以及细部各有独特之处。宽松的短款大多可归属于时尚休闲派风格;西装或是其余一些带有标志性领部设计的修身长款大衣可划归为庄重优雅派风格。具体要根据自己的身材、职业形象需要去把握风格的选择。

Part 2 适合职场装扮的基本款 02

倍受职场欢迎的休闲风格基础款

棒球外套轻便、保暖、时髦又有活力，自由搭配度高，型格百变。

帽衫是学院风的经典单品之一，吸湿透气性好，可以应对日常诸多复杂环境。

帆布风衣带有自然的帅气感，直身形的宽松款式让户外活动更从容。

倍受职场欢迎的优雅风格基础款

改良的女士西装外套，在保留正式感的基础上，将ＯＬ的干练与女人味融合。

经典款双排扣风衣是通勤外套的代表，永远是现代职场的一道亮丽的风景线。

带束腰的长款毛呢大衣，整体线条自然流畅，具有上乘品质感的款式不易过时。

Part 2
适合职场装扮的基本款

Shirt
衬衫

衬衫是最能凸显职场风范的贴身单品，因其领部覆盖颈部，距脸颊较近的这种有统一感的设计，所以给他人的直观印象较为深刻，对于塑造个人形象可以起到立竿见影的效果。从14世纪衬衫基本款式形成至今，历经七百多年时代、潮流的更替，这一日常穿着的基本单品也经过千变万化演绎出繁多的种类及风格，中式、西式、商务、休闲，哪种场合穿哪种衬衫，怎么穿，给人的印象全然不同。为了塑造适合自身的职业形象，了解衬衫的两种基本风格、样式是职场人必知的基本常识。

Part 2 02
适合职场装扮的基本款

倍受职场欢迎的休闲风格基础款

深绿色格纹衬衫是演绎学院派风格的必备单品。

合体的牛仔衬衫打造健康帅气的印象,易搭配,时髦与实用兼具。

前短后长的款式凸显年轻都市气息。波普图案为造型增添可爱感。

倍受职场欢迎的优雅风格基础款

鲜亮色彩的淑女风格衬衫,小巧的领部设计衬托出精致的脸部轮廓。

经典黑白配加上立领设计彰显典雅的职业女性品位。

胸前的蝴蝶结是优雅风的最佳体现,洋溢甜美、有亲和力的单品。

Part 2 适合职场装扮的基本款

Skirt

半身裙

裙装是展现女性美的恩物。半身裙所占的身体面积较连身裙少,对于修饰下半身线条效果又很为明显,因此在日常穿着的基本款中的细节设计也不会采用过多的装饰元素,非常适合职业装扮搭配,特别是直线型、小幅A字轮廓的及膝裙,不失个性色彩的表达空间,还可以很好地展现出成熟、稳重的正式感,对腰、腹、臀、腿部位的身形起到令人满意的修饰效果。

Part 2 02
适合职场装扮的基本款

倍受职场欢迎的休闲风格基础款

做旧感适度的牛仔裙，硬朗帅气，是塑造洒脱印象的高人气单品。

蓬蓬的裙摆可以遮挡大腿赘肉，为造型注入活泼的潮流感。

直筒棉质裙装，细节设计丰富又毫无累赘，时尚与休闲感平衡得当。

倍受职场欢迎的优雅风格基础款

深色铅笔裙可将扁平的身材修饰得柔美圆润。

A字中裙，恰到好处的裙摆起伏赋予优雅造型更多活力。

规则细密的裙褶增强了裙装的垂坠感，轻盈优美不失稳重。

02 Part 2
适合职场装扮的基本款

Trousers

裤装

裤装在着装面积中占比最大,是对定义整体装扮风格起关键作用的基础单品。穿着搭配时首先要考虑色彩因素,色彩重心若位于下半身会产生稳重的视觉感,双腿也显得苗条一些,因此选择大面积的深色或偏深的中性色裤装能为造型带来最佳的平衡感。适合职场穿着的裤装款式有:直筒裤、窄脚裤和比较合体的弹力裤,优雅风格的裤装材质多以涤纶、混纺为主,剪裁修身,轮廓线条优美纤长;休闲风格的裤装面料选材多样,剪裁宽松,对腿部曲线的修饰效果没有那么明显,主要突出的还是自然率性的感觉,便于更多活动时穿着。

Part 2 **02**
适合职场装扮的基本款

倍受职场欢迎的休闲风格基础款

剪裁宽松、挽起裤脚的九分牛仔裤装打造最时尚的装扮比例。

硬挺的质地、修身廓形，流露出随性的干练气息。

轻盈感十足的休闲裤，易穿搭，好感度和舒适度一举两得。

倍受职场欢迎的优雅风格基础款

精致的小格纹巧妙发挥修身视觉效果，搭配起来令着装极富层次感。

灰色直筒长裤给人强烈的稳重感，是永不过时的职业装的必备单品。

中性色窄脚裤修身效果极佳，四季皆宜，几乎胜任一切职场造型。

在职场打拼了一段时日,对于应用"装 + 妆"一体化造型术来表达自己职业态度的法则早已应用自如,于是向更为潮流的装扮阶段发起挑战,为了打造流行的萌系造型就必须使用夸张的假睫毛,而且还是闪亮型的……如此的随心所欲只会招来负面的人品评价,认真听取周围同事和前辈们的意见吧,扮美的同时不要触碰"人品界线"哟!

CHAPTER 3

赢在职场第三步
细节决定职业女性"人品界线"

Story 1
Being a professional woman

自我放小、
确立职业形象感

　　小静在某时尚女装品牌市场活动部门工作到第三个月，就被公司委派到品牌推介会上协助对外推广，这是她第一次得到崭露头角的机会，接到通知后，小静非常兴奋，一下午的时间都在投入地准备着，她把公司背景、品牌特色、未来发展计划这一系列文案资料的重点都用心记了下来，晚上回到家，还对着镜子练习微笑，脑海中重复演练着与人交流、介绍业务的场景，对明天的临场发挥满怀信心。

　　第二天，她一大早就起来了，为自己当日的装扮挑了一件黑色修身连衣裙，还搭配了一款同色平底鞋，然后特意画了她认为时下最流行的自然裸妆，边装扮边在心里暗暗肯定自己这身造型很有 feel……因为在她脑海里一直认为小黑裙就是经典中的经典，既能展现出稳重的职业感，又容易搭配绝对不会出错，平底鞋在会场走来走去的也不会累，所以这是她很心怡的一身搭配。

而当她抵达会场开始工作时才发现，眼前的场景与她预想的完全不一样。现场的另一位同事穿着一套公司主推的新款职业套装，脚下搭配了一双同样具有职业风格的中跟鞋，脸上的珊瑚色调妆容充满健康神采，现场的客户们都围着她咨询各种业务，小静就站在离这位同事不远处，但向她主动咨询的客户少之又少令她倍感尴尬，而她心里却清楚地意识到问题所在。工作人员的形象原来也是公司品牌形象的一部分，她却把全部的心思放在了活动的内容上，以及个人的能力施展方面，而形象却不够专业、不太在意，这会直接地影响到别人对她能力的肯定。因为人都是先凭外在去感受和判断他人，一个穿着、搭配单调，甚至穿衣都不合场合的人，实在也很难让人相信她对自身专业领域的掌握能力。外在形象是让内在得以与外界沟通的桥梁，唯有恰如其分的装扮方能正确无误地将内里的讯息传递出去。存在感较弱的形象只要稍稍修正就好，且看小静的变身吧！

Case Analysis

个案分析（1）

小静的错误妆容 Check!

☐ Face 粉底涂抹得不均匀，眼周有黯沉

☐ Brow 眉形不太对称，眉头、眉尾颜色晕染粗糙显得眉毛纹理有些杂乱

☐ Eye 眼部妆容太过简单只涂抹了睫毛膏

☐ Lip 唇部没有血色并且略显干燥

☐ Cheek 双颊没有健康红晕，给人缺乏活力的印象

修正后的妆容

☐ Face 肤色均匀、肤质细腻

☐ Brow 整条眉毛晕染了淡淡的棕色，自然又柔和

☐ Eye 眼妆中加入了浅金色眼影、清爽感的眼线和自然款假睫毛，眼神即刻灵动起来

☐ Lip 唇妆在自然裸色唇膏的基础上加涂了透明唇彩，水润效果明显

☐ Cheek 珊瑚色腮红既能为妆容增添健康气色又起到修饰脸型的作用

Story 2
Being a professional woman

破除严厉印象，
与同事相处氛围更融洽

在广告代理行业工作的Lisa做事风格雷厉风行，两年的时间已经做到了经理的职位，上级部门让她接管了一个5人的小团队。在第一次小组会议上，Lisa身着冷色调正统职业套装，附带一副硬朗到眼角眉梢上的冷峻派妆容，俨然英姿飒爽的精干女汉子形象，义正辞严的一项项申明着工作纪律、分派任务，其他人没有任何发言，整个会议室仿佛都被"不好惹"的强势女上司气氛笼罩着，直到会议结束，大家才算松了口气。一个月后，全公司业绩评估结果公布，让她大吃一惊的是她领导的小组居然排名最末。聪明的Lisa开始从各方面寻找业绩不理想的原因。

一个周末加班日，她从走廊走向自己所在的办公室，刚好路过会议室，听着里面传出的欢声笑语，就知道那是业绩第一的小组正在讨论工作方案，顺着声音看过去，只见那组的组长优雅简约的装扮既有温柔印象又不失正统感，配合上她温婉的音容笑貌，带给团队伙伴们亲切的交流感，会议的气氛也是轻松愉悦的……问题就在于此吧，看到这一幕，围绕她许久的团队业绩差的问题，Lisa好像得到了明确的答案。

Case Analysis

个案分析（2）

Lisa 的错误妆容 Check!

☐ Face 面部苍白

☐ Brow 眉毛颜色比头发颜色还要深，眉峰高挑，给人严厉的印象

☐ Eye 粗黑眼线有些生硬，尾部上扬再加上深棕色眼影的晕染，眼妆塑造得过于锐利

☐ Lip 在强势眼妆的对比下，唇妆没有什么存在感了

☐ Cheek 棕色系的腮红容易造成年龄感，在颧骨下陷处纵向斜涂的手法过时了，妆效老气

修正后的妆容

☐ Face 粉底后使用适量修容粉，肤质更光滑并散发出柔和的光芒

☐ Brow 眉色变浅、眉峰高度降低之后，仍旧不失职场人精干利落的气质，亲和感立即显现

☐ Eye 将深棕色眼影加重平涂在眼尾，弱化凌厉的眼线，才是成熟风格妆容的要点

☐ Lip 在唇妆中加入一点点暖色，整体妆容更为协调

☐ Cheek 腮红范围变大，加重横向涂抹面积，倍显健康气息

Story 3
Being a professional woman

不盲从趋势，切忌花瓶形象，塑造实力派典范

雯雯上大学时念的是传媒专业，毕业不久就通过面试获得了一份在知名公关公司做客户服务的工作。专业对口，工作起来得心应手，一年的时间里不论是基础业务、与人协调沟通还是事情规划统筹，方方面面的能力都迅速增长，领导对她的表现也很肯定，想逐渐把一些重要的外联事务交由她负责，于是安排了一次客户拜访让她陪同。雯雯喜出望外，心里暗下决心要抓住这次机会好好表现。

"既然是客户拜访，那么形象要往成熟风靠拢一下，穿什么衣服画什么妆会显得气场强大呢？"关于自己职业形象她第一次这么认真地考虑着，突然她注意到旁边桌子上的一本时尚类杂志，那个"高大上"的女明星封面仿佛让她捕捉到灵感，她以为模仿明星穿着打扮是职业形象装扮的捷径。行动力超强的她立刻展开了明星时尚 Icon 翻版，把原本清爽的黑色直发烫成了大波浪卷发，做了一副闪闪的水晶甲，添置了一件正红色的无袖束腰

大摆的连身裙,一双漆皮细跟高跟鞋,整身装扮和那个封面女郎相差无几,客户拜访当天她就以这么一身气场"爆棚"的造型搭配一个红唇浓妆自信满满地出现在公司等待领导检验。

  部门经理看见后把她单独请进了自己的办公室,表情严肃,直接地对她说:"我们今天的工作任务是去拜访客户,就需要以客户为中心,要认真听取客户的介绍和需要,不是让咱们去走红毯或者是和男朋友约会,你今天的装扮实在不合时宜。离下午两点出发还有一段时间,给你两个小时,把头发梳起来,妆素净些,回去换身衣服再来。"雯雯默默地点点头,转身离开了办公室。回到家的她会怎么修正过于强大的"气场"呢?让我们拭目以待吧!

Case Analysis

个案分析（3）

雯雯的错误妆容 Check!

- ☐ Face 脸部各部位光泽过度
- ☐ Brow 眉妆颜色轻浅、眉形短粗，给人幼稚的印象
- ☐ Eye 眼影闪亮、眼线粗黑、假睫毛长得吓人，这恰恰是很多女生容易出现的妆容问题
- ☐ Lip 笑肌最高点的圆形腮红属于"萌妹子"风格，不适合职场妆容
- ☐ Cheek 红唇和娃娃款假睫毛搭配在一起，整体妆容浮夸、做作

修正后的妆容

- ☐ Face 肌肤明亮，各部位光泽度统一
- ☐ Brow 眉尾略微延长，眉色调整为棕灰色，展现出优雅的职业女性韵味
- ☐ Eye 降低眼影的闪亮度，弱化眼影的层次感，眼线改为纤细、平滑的黑色线条，眼妆变得清爽
- ☐ Lip 唇色统一在淡雅的橘粉色系中
- ☐ Cheek 腮红也改为橘粉色，加大纵向涂抹面积，营造出自然的立体轮廓，摆脱稚嫩印象

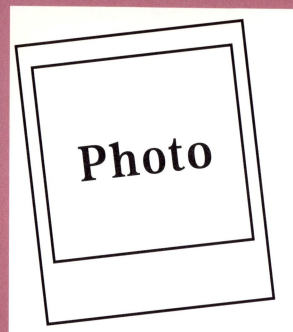

Image Design

形象设计方案

....

Matching Color

Nails

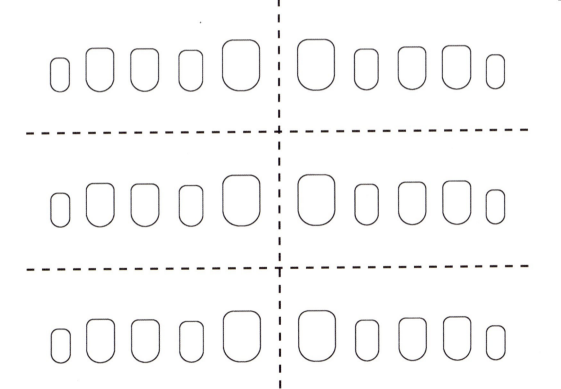

Matching Clothes

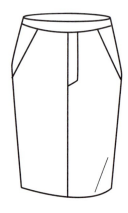

Matching Clothes

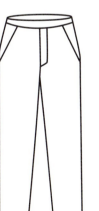

Face Chart Template

面部妆容设计图

♥1 Step
Face 面部底妆

☐ 隔离霜　　☐ 遮瑕
☐ 饰底乳　　☐ 蜜粉
☐ 粉底

♥2 Step
Brow 眉部妆容

☐ 眉色　　☐ 眉型

♥3 Step
Eye 眼部妆容

☐ 眼线　　☐ 睫毛
☐ 眼影　　☐ 假睫毛

♥4 Step
Cheek 腮红妆容

☐ 高光　　☐ 暗影
☐ 腮红

♥5 Step
Lip 唇部妆容

☐ 唇线　　☐ 唇蜜
☐ 唇膏

未经许可，不得以任何方式复制或抄袭本书之部分或全部内容。
版权所有，侵权必究。

图书在版编目（CIP）数据

上班穿什么：快速搭配职业装+OL美妆／王敏家著．—北京：电子工业出版社，2016.2
ISBN 978-7-121-27864-8

Ⅰ．①上… Ⅱ．①王… Ⅲ．①服饰美学—通俗读物 Ⅳ．①TS976.4-49

中国版本图书馆CIP数据核字（2015）第304147号

策划编辑：白　兰
责任编辑：张　轶
印　　刷：中国电影出版社印刷厂
装　　订：中国电影出版社印刷厂
出版发行：电子工业出版社
　　　　　北京市海淀区万寿路173信箱　邮编 100036
开　　本：787×1 000　1/16　印张：11　字数：168千字
版　　次：2016年2月第1版
印　　次：2016年2月第1次印刷
定　　价：42.00元

凡所购买电子工业出版社图书有缺损问题，请向购买书店调换。若书店售缺，请与本社发行部联系，联系及邮购电话：（010）88254888。
质量投诉请发邮件至zlts@phei.com.cn，盗版侵权举报请发邮件至dbqq@phei.com.cn。
服务热线：（010）88258888。